KB016493

즐깨감
과학탐구
1

**기획 • 글** 이경미 이윤숙

교육을 접목한 어린이용 출판물을 기획하고, 글 쓰는 일을 오랫동안 하고 있습니다. 《와이즈만 유아 과학사전》, 《와이즈만 유아 수학사전》, 《주니어 플라톤》 외 다수의 출판물을 개발하였습니다.

**감수** 와이즈만 영재교육연구소

즐거움과 깨달음, 감동이 있는 교육 문화를 창조한다는 사명으로 우리나라의 수학, 과학 영재교육을 주도하면서 창의 영재수학과 창의 영재과학 교재 및 프로그램을 개발하고 있습니다. 구성주의 이론에 입각한 교수학습 이론과 창의성 이론 및 선진 교육 이론 연구 등에도 전념하고 있습니다. 국내 최초의 사설 영재교육 기관인 와이즈만 영재교육에 교육 콘텐츠를 제공하고 교사 교육을 담당하고 있습니다.

**즐깨감 과학탐구 1** 동물•식물•우리 몸

**1판 1쇄 발행** 2019년 7월 23일 **1판 9쇄 발행** 2024년 4월 10일

**기획 • 글** 이경미 이윤숙 **그림** 박양수 **감수** 와이즈만 영재교육연구소

**발행처** 와이즈만 BOOKs **발행인** 염만숙 **출판사업본부장** 김현정
**편집** 원선희 양다운 이지웅 **디자인** 도트 박비주원 강동채
**마케팅** 강윤현 백미영 장하라

**출판등록** 1998년 7월 23일 제1998-000170 **주소** 서울특별시 서초구 남부순환로 2219 나노빌딩 5층
**제조국** 대한민국 **사용 연령** 5세 이상
**전화** 02-2033-8987(마케팅) 02-2033-8983(편집) 팩스 02-3474-1411
**전자우편** books@askwhy.co.kr **홈페이지** mindalive.co.kr



* 와이즈만BOOKs는 (주)창의와탐구의 출판 브랜드입니다.
* 잘못된 책은 구입처에서 바꿔 드립니다.

## 창의영재들을 위한 미리 보는 과학 교과서 1

이경미, 이윤숙 기획 · 글　와이즈만 영재교육연구소 감수

와이즈만 BOOKs

# 추천의 글

시중에서 판매하는 단순한 학습지와는 다르게,
창의적으로 생각할 수 있는 과학 활동이 많아서 좋아요.
개념을 뒤집어 생각하고 글로 써 보기도 하니까 아이의 창의성 향상에 많은 도움이 돼요.

– 와이키즈 서초센터 정지윤 선생님

과학을 좋아하는 아이라면 학교에 들어가기 전에 꼭 풀어 보면 좋은 워크북이에요.
부분 부분 알고 있는 과학 개념을 잘 정리해서 잡아 줄 수 있고,
과학 활동이 흥미롭게 구성되어 있어서 재미있게 과학을 공부할 수 있게 해 줘요.

– 와이즈만 영재교육 대치센터 유해림 선생님

유아에게 과학을 지도하는 것이 어려운 교사들에게 꼭 권하고 싶은 책이에요.
쉽고 즐겁게 과학을 지도할 수 있는 과학 자료나 활동을 제공해 줘요.

– 조은어린이집 박가영 선생님

누리과정과 연계가 잘 되어 있어요. 자연탐구 영역에서 배우는 탐구하는 태도 기르기와
과학적 탐구하기 내용이 그림으로 쉽게 잘 표현되어 있어요.
책의 구성만 잘 따라 해도 탐구하는 태도가 길러질 것 같아요.

– 창천유치원 지미성 선생님

과학의 개념을 쉽게 알려주고 즐겁게 문제 풀며 과학의 재미에 빠질 수 있게 도와주어요.

– 쭌맘 님

초등 3학년부터 과학 교과가 나오는데 그에 대한 대비로
아이와 함께 미리 만나 보면 좋을 것 같아요.

– 명륜맘 님

기획의 글

# 수수께끼 놀이처럼 만나는 첫 과학 워크북으로 과학 하는 즐거움을 선물하세요

학습 측면에서 과학은 국어나 수학에 비해 우선 순위가 밀립니다. 초등학교 입학하기 전이나 저학년까지는 과학 그림책이나 만화책, 도감류 정도로 과학 지식을 접합니다. 아마도 과학 사실이나 개념, 이론 같은 과학 지식이 아이들에게 어렵다거나, 아직 필요하지 않다고 생각하기 때문일 것입니다. 하지만 과학 지식은 아이들의 궁금증에 대한 답이고, 세상이 움직이는 이치입니다. 그 답을 찾지 않게 되면 궁금증은 점점 사라지고, 어른들처럼 당연하고, 익숙해져 버립니다. '그렇다면 과학을 어떻게 시작할까? 궁금증을 잃지 않고 스스로 답을 찾게 하려면 어떻게 하면 좋을까?' 이런 고민 끝에 《와이즈만 유아 과학사전》과 《즐깨감 과학탐구》를 기획하게 되었습니다. 이 시리즈를 통해 과학에 궁금증을 가지고, 탐구 방법을 배워 스스로 문제를 해결하는 능력을 키울 수 있도록 하였습니다.

최근의 과학 교육은 많은 양의 과학 지식을 가르치는 것보다는, 과학을 어떻게 공부할 것인지를 가르치는 추세입니다. 저희는 이러한 추세를 반영하여 과학 지식과 탐구 방법을 동시에 익히도록 이 책을 구성하였습니다. 아이들이 마주하는 대상과 현상(생명과학, 물리과학, 지구과학으로 구분되는 과학 지식)을, 무심하지 않게 다가가도록(관찰, 분류, 추리, 예상, 실험, 의사소통의 탐구 방법) 하였습니다.

아이들에게 단순한 문제 풀이집은 필요하지 않습니다. 저희는 문제 풀이를 훈련하는 것이 아니라, 문제해결력을 기르는 것에 역점을 두었습니다. 과제를 던져 주고, 스스로 그 과제를 해결하기 위해 탐구하도록 하였습니다. 《즐깨감 과학탐구》 시리즈를 학습할 때 《와이즈만 유아 과학사전》을 옆에 두고 함께 읽기를 추천합니다.

이 책이 아이들에게는 처음 만나는 과학 수수께끼 놀이책이 되기를 바랍니다. 그리고 수수께끼를 해결하는 과학 탐정으로 성장하기를 기대합니다.

이경미 • 이윤숙

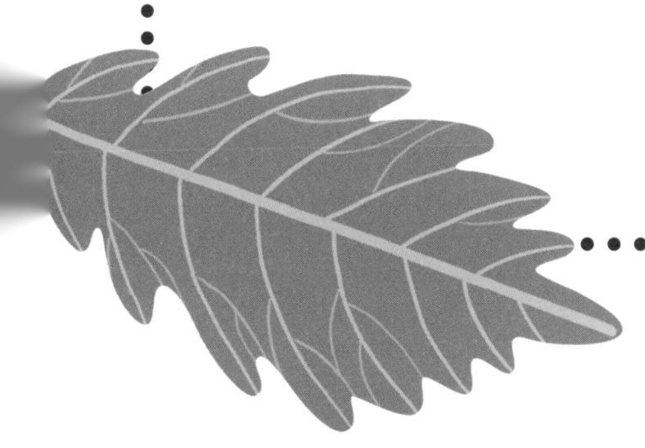

과학 뇌를 깨우는 신개념 과학탐구 시리즈 《즐깨감 과학탐구》는 탐구 활동을 통해, 스스로 과학 지식을 발견하고 문제를 해결하며, 사물 간의 속성을 관계 짓고, 추론하게 합니다.

## 《즐깨감 과학탐구》는 과학을 탐구하는 방법을 배웁니다.

문제를 해결하기 위해 스스로 과학적인 사실을 찾아가는 과정이 과학 탐구입니다. 《즐깨감 과학탐구》는 유아나 초등 저학년 때에 적합한 과학 탐구 방법으로 관찰, 비교, 분류, 예측과 추론, 의사소통의 탐구 방법을 배우며 문제를 해결할 수 있도록 구성되어 있습니다.

❶ 관찰하기는 대상을 그대로 세밀하게 살피는 탐구 방법입니다. 《즐깨감 과학탐구》는 감각을 사용해서 관찰 대상의 특징을 파악하거나, 다른 대상과 공통점이나 차이점을 비교하는 방법을 학습합니다.
❷ 분류하기는 대상의 공통점과 차이점에 따라 나누는 탐구 방법입니다. 《즐깨감 과학탐구》는 관찰을 통해 파악한 대상의 특성을 찾아 공통적인 대상끼리 모아, 구분합니다. 분류하는 기준은 다양하지만, 주어진 대상들을 가장 잘 나타내는 특성을 찾는 것이 중요합니다.
❸ 예측하기는 이미 알고 있는 지식이나 경험을 토대로 하여 앞으로 일어날 일을 예상하는 탐구 방법입니다. 예측하기는 생각나는 대로 미리 말해 보는 것이 아니라 측정이나 사실을 통해 검증할 수 있어야 합니다. 《즐깨감 과학탐구》는 주변에서 쉽게 할 수 있는 실험이나 관찰 탐구를 통해 알게 된 사실을 근거로 미리 예상하고, 확인할 수 있도록 구성되어 있습니다.
❹ 의사소통하기는 과학 사실을 질문하고, 설명하거나 개념을 표현하는 탐구 방법입니다.
글, 표, 그림 등 다양한 형태로 이루어집니다. 《즐깨감 과학탐구》는 배운 과학 지식을 토대로 하여 글로 표현하도록 구성되어 있습니다.
❺ 추론하기는 인과 관계를 직접 관찰할 수 없을 때 사건의 원인을 알아내는 탐구 방법입니다. 보통 관찰과 추론을 혼동하기도 합니다. 관찰은 감각을 통해 어떤 대상을 단순히 기술하는 것이고, 추론은 사실에 근거를 두고 결과를 내는 탐구 방법입니다. 《즐깨감 과학탐구》는 관찰하여 알게 된 사실을 근거로 문제를 추론하도록 구성되어 있습니다.

## 《즐깨감 과학탐구》는 다양한 탐구 활동으로 과학 지식을 배웁니다.

《즐깨감 과학탐구》는 크게 세 가지의 탐구 영역으로 구성되어 있고, 각각의 탐구 영역 특성에 맞는 다양한 탐구 활동으로 과학 지식을 배웁니다.

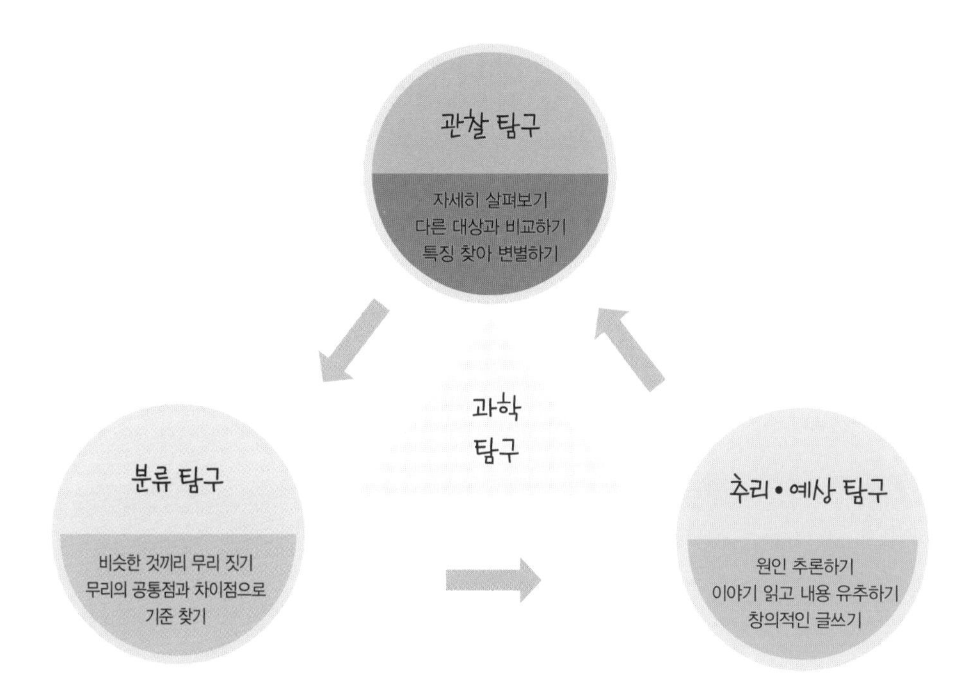


❶ 관찰 탐구 영역은 '어떻게 생겼나?', '어떻게 다른가?', '무슨 일이 일어나는가?'에 초점을 맞추어 학습합니다. 대상을 자세히 살펴보고, 다른 대상과 비교하여 변별하는 활동을 통해 과학 사실을 발견합니다.

❷ 분류 탐구 영역은 '속성이 비슷한 것끼리 모아 보기', '분류 기준 찾기', '여러 번 분류하기' 같은 과정에 초점을 맞추어 학습합니다.

❸ 추리·예상 탐구 영역은 '왜 그럴까?', '무엇일까?', '누구일까?', '다음은 어떻게 될까?', '~하면 어떤 일이 일어날까?', '순서 찾기'에 초점을 맞추어 학습합니다. 관찰 탐구나 분류 탐구를 통해 알게 된 사실을 근거로 추론하고, 예측하여 문제를 해결합니다.

《즐깨감 과학탐구》는 누리 과정의 자연 탐구 영역과 초등과학을 총망라하였습니다. 과학 내용을 9가지 주제로 나누어 주제에 따라 관찰 탐구, 분류 탐구, 추리·예상 탐구를 통해 과학의 개념과 원리를 알아봅니다.

## 1 주제별 구성

1권, 2권에서는 동물, 식물, 생태계, 우리 몸 주제를 통해 생명의 개념과 살아가는 원리를 알아봅니다. 3권, 4권에서는 물질, 힘, 에너지, 지구, 우주 주제를 통해 살아가는 환경의 특징과 원리를 알아봅니다.

## 2 탐구 활동별 구성

관찰 탐구에서는 주로 대상의 관찰을 통해 개념이나 원리를 알 수 있습니다. 분류 탐구에서는 관찰에서 알게 된 대상들을 나누고 모아 보면서 개념을 확장시켜 봅니다. 추리·예상 탐구에서는 아이가 궁금해하는 주제를 다루어 개념을 확장하고, 스스로 판단해 보게 합니다.

## 3 탐구 활동별 캐릭터

관찰씨, 분류짱, 추리군의 탐구별 안내 캐릭터가 등장하여 탐구 활동을 돕습니다. 개념 설명이나 단서 제공, 활동을 안내해 줍니다.

## 4 다양한 과학 놀이

숨은그림찾기, 수수께끼, 색칠하기, 창의적 꾸미기, 길 따라가기, 게임, 만들기, 실험 같은 다양한 과학 놀이로 탐구 활동을 합니다.

## 5 읽기 및 창의적 과학 글쓰기

짧고, 단순한 글을 읽고, 사실을 유추하여 판단해 봅니다. 과학 사실을 근거로 글쓰기를 합니다. 읽기, 말하기, 글쓰기의 의사소통 탐구 방법은 다른 사람에게 설명하거나 설득하는 데 필요합니다.

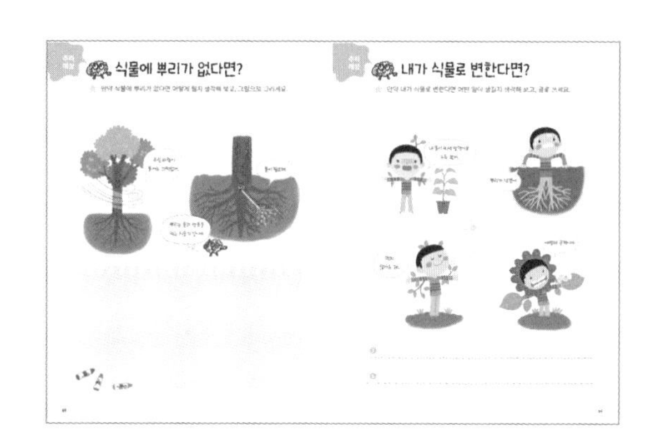


## 6 학습을 도와주는 손놀이 꾸러미

손놀이 꾸러미로 만들기와 분류 카드, 붙임 딱지가 있습니다. 분류 카드, 붙임 딱지는 문제 해결을 위한 음영이나 색 단서를 주어 스스로 학습이 가능합니다. 손놀이 꾸러미에 있는 활동 자료로 직접 해 보면서 과학을 재미있게 받아들입니다.

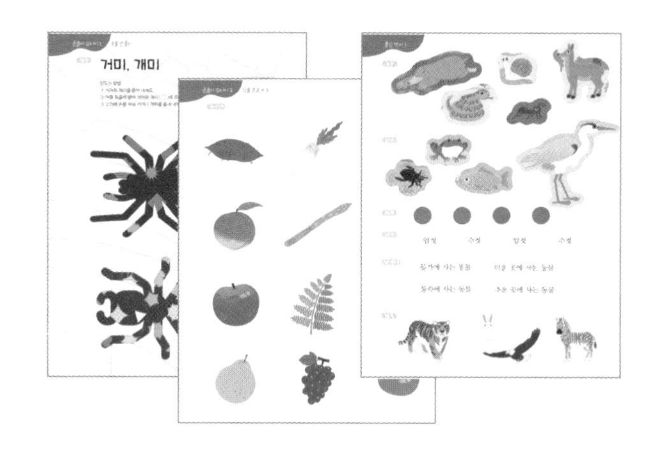


## 7 과학 안내서로 활용하는 해설집

부록으로 해설집을 두어 문제에 담긴 과학의 개념과 원리를 알기 쉽게 설명하였습니다. 지도서로 잘 활용하여 학습을 더욱 재미있고 풍성하게 해 주세요.

## 전권의 학습 내용

《즐깨감 과학탐구》는 총 4권으로, 아이들이 마주하는 과학의 모든 영역을 다루고 있습니다. 1권, 2권에서는 동물, 식물, 생태계, 우리 몸 주제를, 3권, 4권에서는 물질, 힘과 에너지, 지구, 우주 주제를 다루어 과학의 기본 개념과 원리를 알아봅니다.

### 즐깨감 과학탐구 ❶ 동물·식물·우리 몸

동물, 식물, 인체의 생김새의 특징, 주변 환경과의 관계 및 각각의 명칭과 기능을 알아봅니다.

* 동물의 생김새와 사는 곳 알기 | 초식 동물과 육식 동물 구분하기 | 새의 특징 비교하기 | 새끼를 낳는 동물과 알을 낳는 동물 분류하기 | 포유류 특징 알기

* 식물의 구조 살펴보기 | 잎, 줄기, 뿌리의 생김새 비교하기 | 줄기에 따라 식물 분류하기 | 식물의 특징과 이름 유추하기 | 잎의 광합성 원리 이해하기

* 몸의 생김새와 명칭 알기 | 뼈와 이의 생김새 살펴보기 | 몸의 털 그리기 | 손뼈 만들기와 관절 실험하기 | 뇌의 기능 알기 | 몸의 감각 기관과 각 기능 알고, 유추하기

### 즐깨감 과학탐구 ❷ 동물·식물·생태계·우리 몸

동물 및 식물이 자라는 과정을 알고, 인체의 내부 모습과 각 기관의 움직이는 원리를 알아봅니다.

* 닭, 개구리, 나비의 자라는 과정 살펴보기 | 포유류, 조류, 파충류, 양서류, 어류로 분류하기 | 곤충의 탈바꿈 알기 | 동물의 의사소통이나 자기 보호 방법 알기

* 꽃의 생김새와 씨와 열매가 만들어지는 과정 살펴보기 | 다양한 씨와 열매의 생김새 비교하기 | 식물을 이용한 물건 찾아보기 | 식물과 관련된 일을 찾아 글쓰기

* 먹이 사슬과 먹이 그물 관계에 있는 생태계 특징 살펴보기 | 세균, 곰팡이, 바이러스 같은 미생물과 관계있는 일 찾아보기

* 뇌와 신경 알기 | 호흡, 소화 원리 살펴보기 | 배설 기관 살펴보기 | 피의 구성과 기능 살펴보기 | 방귀와 똥에 대해 살펴보기 | 배꼽과 유전에 관한 글쓰기

## 즐깨감 과학탐구 ❸ 물질·힘과 에너지·지구

물질의 종류와 특징 및 상태, 힘과 운동에 대해 살펴보고, 우리가 살아가는 땅과 흙과 같은 자연환경에 대해 알아봅니다.

* 물질의 특성과 쓰임새 살펴보기 | 고체, 액체, 기체 상태 비교하기 | 만든 물질이 같은 물건끼리 모으기 | 물 위에 뜨는 물질, 가라앉는 물질 유추하기

* 지레, 빗면, 도르래의 원리 알아보기 | 용수철이나 나사를 쓰는 물건끼리 모으기 | 힘의 작용, 반작용 원리로 결과 예상하기 | 코끼리를 도구로 옮기는 방법을 글로 써 보기

* 날씨의 특징과 물의 순환 살펴보기 | 땅 모양과 화산 알아보기 | 화석 분류하기 | 구름이나 바람이 생기는 순서 따져 보기 | 날씨 현상의 원리 유추하기

## 즐깨감 과학탐구 ❹ 물질·힘과 에너지·지구·우주

물질 상태의 변화, 빛의 반사와 굴절 원리를 살펴보고, 지형과 지진, 일식, 월식 현상에 대해 알아봅니다.

* 물질 변화 비교하기 | 불에 타는 것과 불을 끄는 것 비교하기 | 신맛 나거나, 미끌거리는 물질끼리 모으기 | 공기 실험하고, 결과 예상하기

* 빛을 비추어 보고, 그림자 살펴보기 | 거울과 렌즈 비교하기 | 열이 전해지는 방법 알아보기 | 물속에 비치는 모습 유추하기 | 빛이 없을 때 상상하여 글로 써 보기

* 지구의 겉과 속 들여다보기 | 돌의 생김새와 쓰임새 비교하기 | 지진으로 일어나는 결과 예상하기 | 대피할 때 필요한 물건과 이유를 글로 써 보기

* 지구를 둘러싼 공기 살펴보기 | 태양계 살펴보기 | 계절별 별자리 분류하기 | 일식과 월식의 원리 유추하기 | 우주의 특성을 근거로 우주복에 필요한 장치 그리기

# 동물

## 관찰 탐구



## 분류 탐구

## 추리·예상 탐구



# 식물

## 관찰 탐구

## 분류 탐구



## 추리·예상 탐구



# 우리 몸

## 관찰 탐구

## 분류 탐구



## 추리·예상 탐구

## 학습을 도와주는 친구들

관찰씨

난 관찰씨!
관찰 탐구를 도와줄게.

분류짱

난 분류짱!
분류 탐구를 도와줄게.

추리군

난 추리군!
추리·예상 탐구를 도와줄게.

# 동물

**관찰 탐구**

- 동물의 생김새와 특징 살펴보기
- 새끼의 생김새가 다른 동물 비교하기
- 초식 동물과 육식 동물, 암컷과 수컷, 곤충의 개념 알기

**분류 탐구**

- 동물의 특징이 같은 무리끼리 모으기
- 함께 모인 동물의 공통점 찾기
- 새끼를 낳는 동물, 알을 낳는 동물로 분류하기

**추리 · 예상 탐구**

- 가려진 일부 모습을 보고 동물 유추하기
- 발톱이나 부리의 생김새로 먹잇감 판단하기
- 실험하기와 이야기 읽기를 통해 동물의 특징 유추하기

교과 연계 단원

**봄 1학년 1학기** 도란도란 봄 동산 **여름 2학년 1학기** 초록이의 여름 여행
**3학년 2학기** 동물의 생활

관찰
탐구

# 숨은 동물을 찾아봐

 동물이 숨어 있어요. 동물 다섯을 찾아 ◯ 하세요.

관찰 탐구

# 동물처럼 움직여 봐

동물은 다리나 날개로 움직여요. 동물이 움직이는 모습을 따라 해 보세요.

관찰 탐구

# 땅에 사는 동물

★ 땅 위나 땅속에 사는 동물이에요. 붙임 딱지에 있는 동물을 알맞은 곳에 붙이세요.

관찰
탐구

# 하늘을 나는 동물

하늘을 나는 동물은 날개가 있어요. 날개가 있는 동물 중에서 새를 찾아 ◯ 하세요.

관찰 탐구

# 물에 사는 동물

물이나 물가에 사는 동물이에요. 붙임 딱지에 있는 동물을 알맞은 곳에 붙이세요

오리의 발가락 사이에 물갈퀴가 있어요. 오리처럼 물갈퀴가 있는 새를 찾아 길을 따라가세요.

관찰 탐구

# 물고기의 생김새

물고기는 등, 가슴, 배, 꼬리에 있는 지느러미로 헤엄쳐요. 물고기의 생김새를 살펴보고, 그리세요.

물고기는 머리가 둥글고 꼬리는 뾰족해.

물고기 몸은 단단한 비늘 조각들이 덮고 있어.

# 갯벌에 사는 동물

 관찰씨가 가리키는 동물은 어디에 있나요? 그림에서 찾아 ◯ 하세요.

관찰
탐구

# 사자와 말은 무엇이 다르지?

★ 사자와 말의 이빨 모양이 달라요. 이빨이 뾰족한 동물에 ●, 이빨이 넓적한 동물에 ● 붙임 딱지를 붙이세요.

 고기를 먹는 동물에 ●, 풀을 먹는 동물에 ● 붙임 딱지를 붙이세요.

★ 고기를 먹는 육식 동물은 날카로운 발톱을 가졌어요. 육식 동물에 ◯ 하세요.

★ 풀을 먹는 초식 동물은 크고 단단한 발톱을 가졌어요. 초식 동물에 ◯ 하세요.

초식 동물의 발끝에 있는 크고 단단한 발톱을 발굽이라고 합니다. 발굽이 있어서 빨리 달릴 수 있습니다.

관찰
탐구

# 새끼를 낳는 동물

 새끼는 어미 배 속에서 자라고, 태어나서도 어미의 젖을 먹으며 보살핌을 받아요. 새끼를 낳는 동물 셋을 찾아 ◯ 하세요.

관찰
탐구

# 알을 낳는 동물

 동물마다 알을 낳는 곳이 달라요. 동물의 알을 찾아 길을 따라가세요.

# 생김새가 어떻게 달라?

★ 동물의 남자를 수컷, 여자를 암컷이라고 해요. 사자의 수컷은 목둘레에 갈기가 있어요. 수컷에 ◯ 하세요.

★ 사슴의 수컷은 뿔이 있어요. 수컷에 ◯ 하세요.

꿩의 암컷은 갈색이고, 수컷은 색깔이 화려해요. 수컷과 암컷에 글자 붙임 딱지를 붙이세요.

장수풍뎅이의 수컷은 뿔이 있고, 암컷은 뿔이 없어요. 수컷과 암컷에 글자 붙임 딱지를 붙이세요.

# 누구일까?

 몸에 마디가 있고, 딱딱한 동물이에요. 거미와 개미의 생김새를 비교해 보세요.

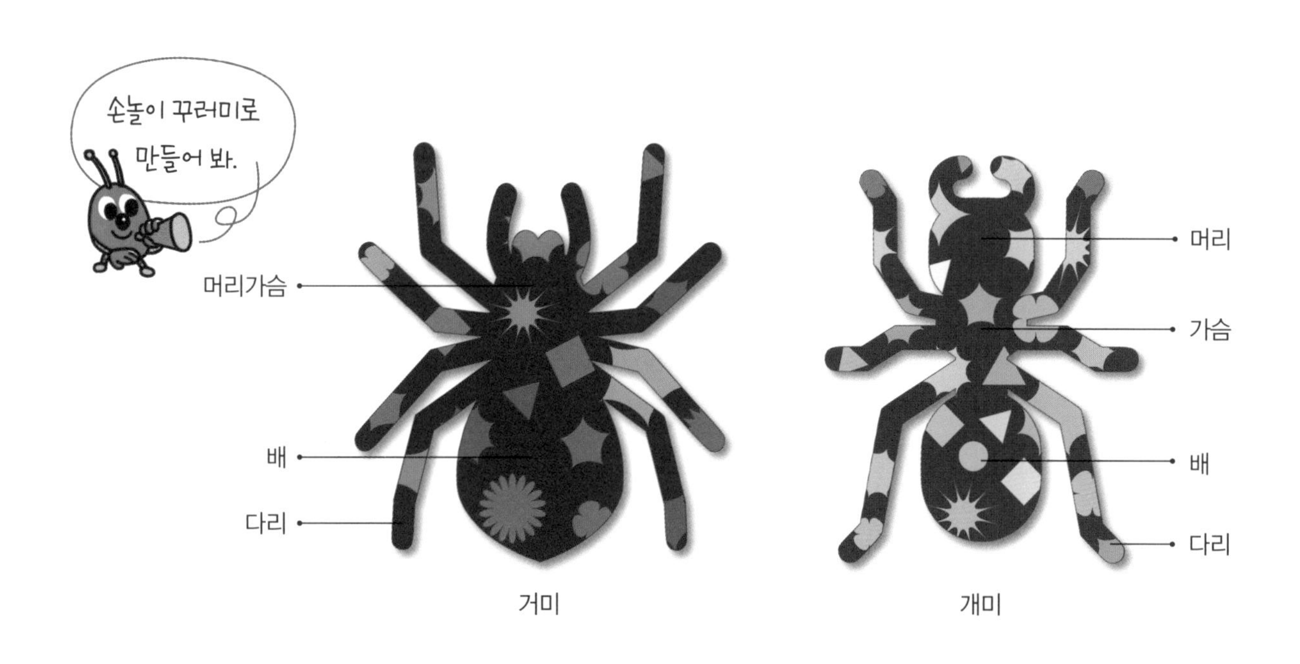

 다리가 8개이고, 몸이 머리가슴, 배로 나뉜 동물에 ◯ 하세요.

 다리가 6개이고, 몸이 머리, 가슴, 배로 나뉜 동물에 ◯ 하세요.

 개미처럼 생긴 동물을 곤충이라고 해요. 곤충에 ◯ 하세요.

 거미, 개미, 벌, 지네는 단단한 껍데기로 싸여 있고, 몸과 다리에 마디가 있는 절지동물입니다. 이 중에서 다리가 6개 있고, 몸이 머리, 가슴, 배로 구분되는 동물이 곤충입니다.

# 동물 분류 놀이

동물을 어떻게 나눌까요? 손놀이 꾸러미에 있는 동물 카드로 분류 놀이를 하세요.

물에 사는 동물과 물에 살지 않는 동물로 나누세요.

물에 사는
동물 카드를 모으세요.

물에 살지 않는
동물 카드를 모으세요.

 날개가 있는 동물과 날개가 없는 동물로 나누세요.

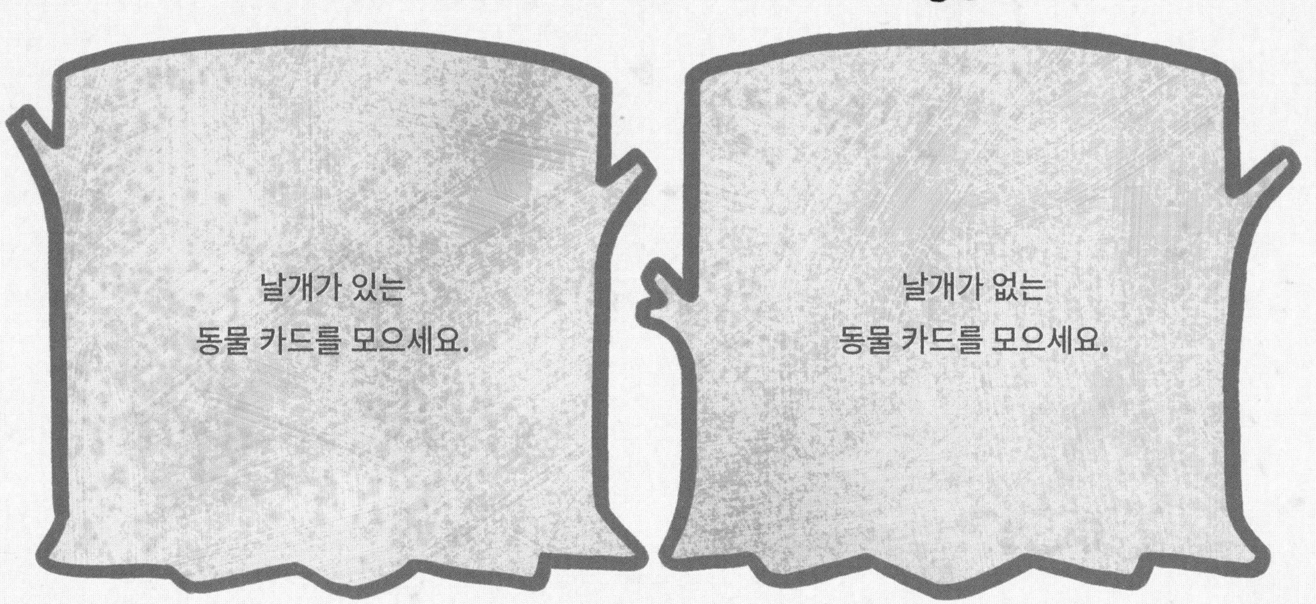


다리가 있는 동물과 다리가 없는 동물로 나누세요.

분류
탐구

# 같은 곳에 사는 동물끼리

물에 사는 동물이에요. 어떻게 나누었는지 알맞은 글자 붙임 딱지를 붙이세요.

물가에 사는 동물

물속에 사는 동물

동물을 사는 곳에 따라 나누었어요. 어떻게 나누었는지 글자 붙임 딱지를 붙이세요.

더운 곳에 사는 동물

추운 곳에 사는 동물

분류 탐구

# 풀을 먹을까, 고기를 먹을까?

동물을 먹이에 따라 나누었어요. 붙임 딱지에 있는 동물을 알맞은 곳에 붙이세요.

# 어떻게 나누었나?

동물을 둘로 나누었어요. 어떻게 나누었나요? 알맞은 글에 ○ 하세요.

1. 곤충과 곤충이 아닌 동물로 나누었어요.
2. 땅에 사는 동물과 물에 사는 동물로 나누었어요.

분류 탐구

# 맞는 곳에 모였나?

새끼를 낳는 동물끼리, 알을 낳는 동물끼리 모였어요. 잘못 모인 동물에 ○ 하세요.

# 알을 낳는 곳이 같은 동물끼리

사는 곳에 따라 알을 낳는 곳이 달라요. 모인 동물을 보고 알맞은 글과 선으로 이으세요.

물에 알을 낳아요.

땅에 알을 낳아요.

추리 예상

# 누구일까?

동물이 가려져 있어요. 누구인지 찾아 선으로 이으세요.

제비

비버

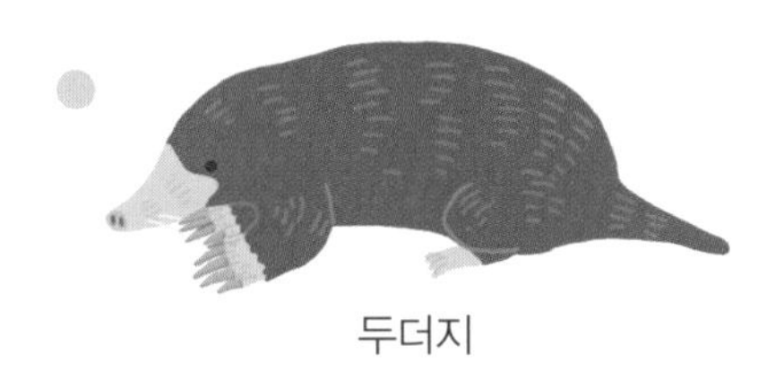

두더지

# 누가 육식 동물일까?

★ 강한 발톱이나 날카로운 이빨을 가진 동물 넷을 찾아 ◯ 하세요.

추리
예상

# 어미와 새끼가 닮았을까?

★ 어미와 닮은 새끼를 찾아 선으로 이으세요.

어미와 새끼가 닮지 않은 동물이에요. 어미의 말을 읽고, 새끼를 찾아 선으로 이으세요.

개구리 같은 양서류나 장수하늘소, 호랑나비 같은 곤충은 몸의 생김새가 크게 바뀌며 자랍니다. 이것을 탈바꿈이라고 합니다.

추리 예상

# 동물은 스스로 어떻게 지킬까?

적의 눈에 띄지 않게 자신과 비슷한 곳에서 살아가는 동물이에요.
어떤 동물인지 찾아 사다리를 타고 내려가세요.

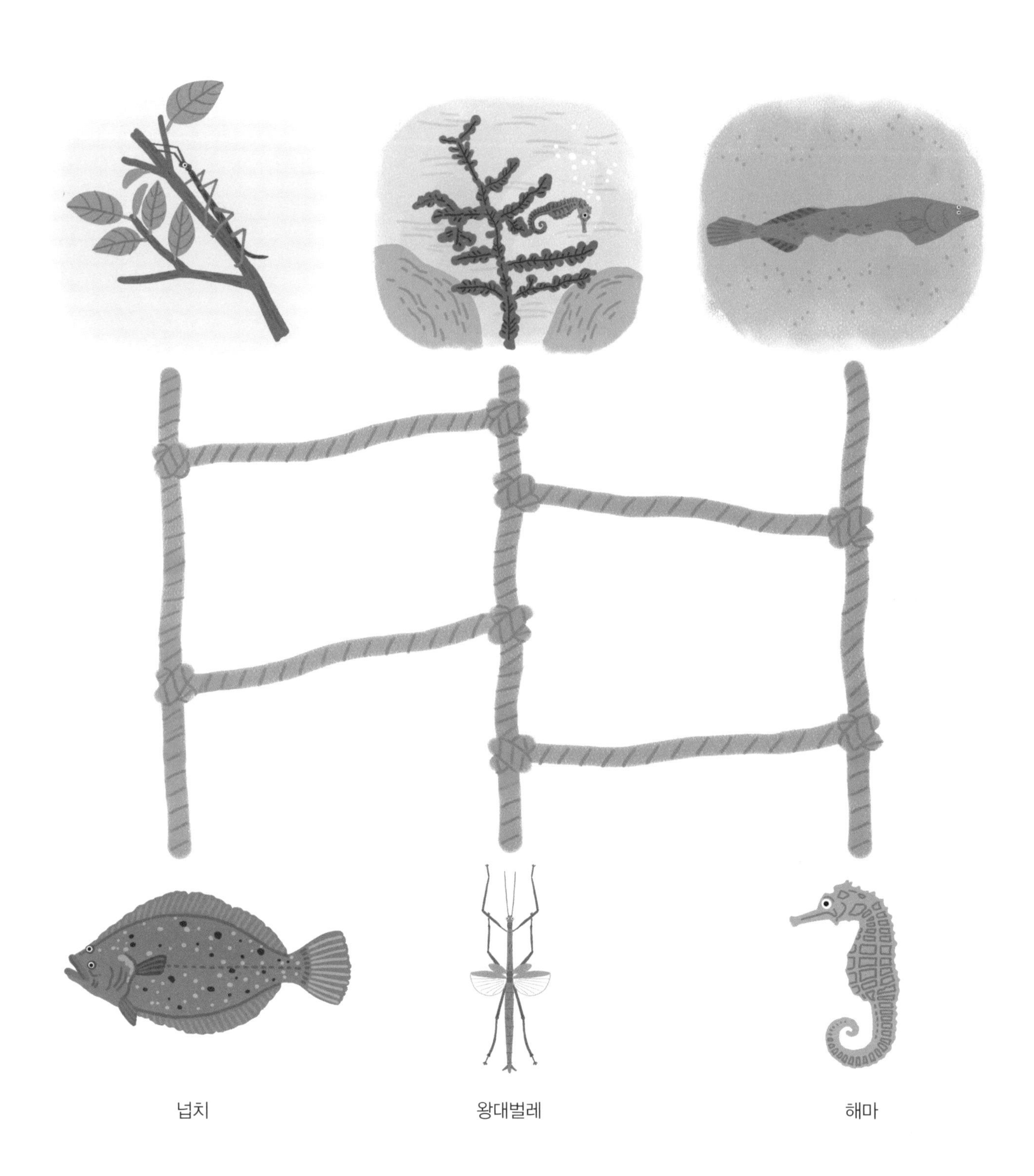

 개미가 왜 진딧물을 도와줄까요? 이야기를 읽고, 알맞은 글에 ◯ 하세요.

① 진딧물에게 단물을 받으려고

② 무당벌레가 불쌍해서

③ 진딧물에게 단물을 주려고

추리 예상

# 새들은 먹는 모습이 다를까?

새는 손과 입 대신 부리가 있어요. 부리처럼 젓가락으로 물고기 인형을 잡으세요. 긴 젓가락과 짧은 젓가락 중에 손이 젖지 않는 쪽에 ○ 하세요.

긴 부리 새와 짧은 부리 새예요. 물속의 먹잇감을 잡기 쉬운 새에 ○ 하세요.

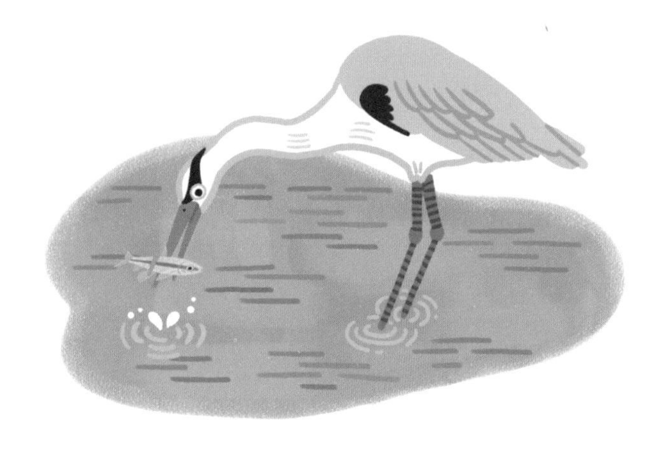

 새가 먹이를 먹는 모습이에요. 새의 부리와 닮은 물건을 찾아 선으로 이으세요.

# 생김새가 어떻게 다를까?

사는 곳에 따라 동물의 특징이 달라요. 발의 생김새를 살펴보고, 알맞은 동물과 선으로 이으세요.

도마뱀붙이

바다표범

 낙타의 생김새를 살펴보고, 사는 곳에 ◯ 하세요.

추리
예상

# 왜 물고기는 입을 뻐끔거릴까?

우리가 물속에서 숨을 쉬려면 숨대롱이 필요해요. 물고기는 물속에서 계속 입을 뻐끔거려요. 왜 그럴까요? 알맞은 글에 ◯ 하세요.

1 입을 뻐끔거리며 장난치는 거예요.

2 물에 녹아 있는 산소를 들이마시는 거예요.

추리 예상

# 내가 만든다면 무엇을 만들까?

오리나 개구리 발 모양처럼 만들면 무엇이 좋을지 생각해 보고, 글로 쓰세요.

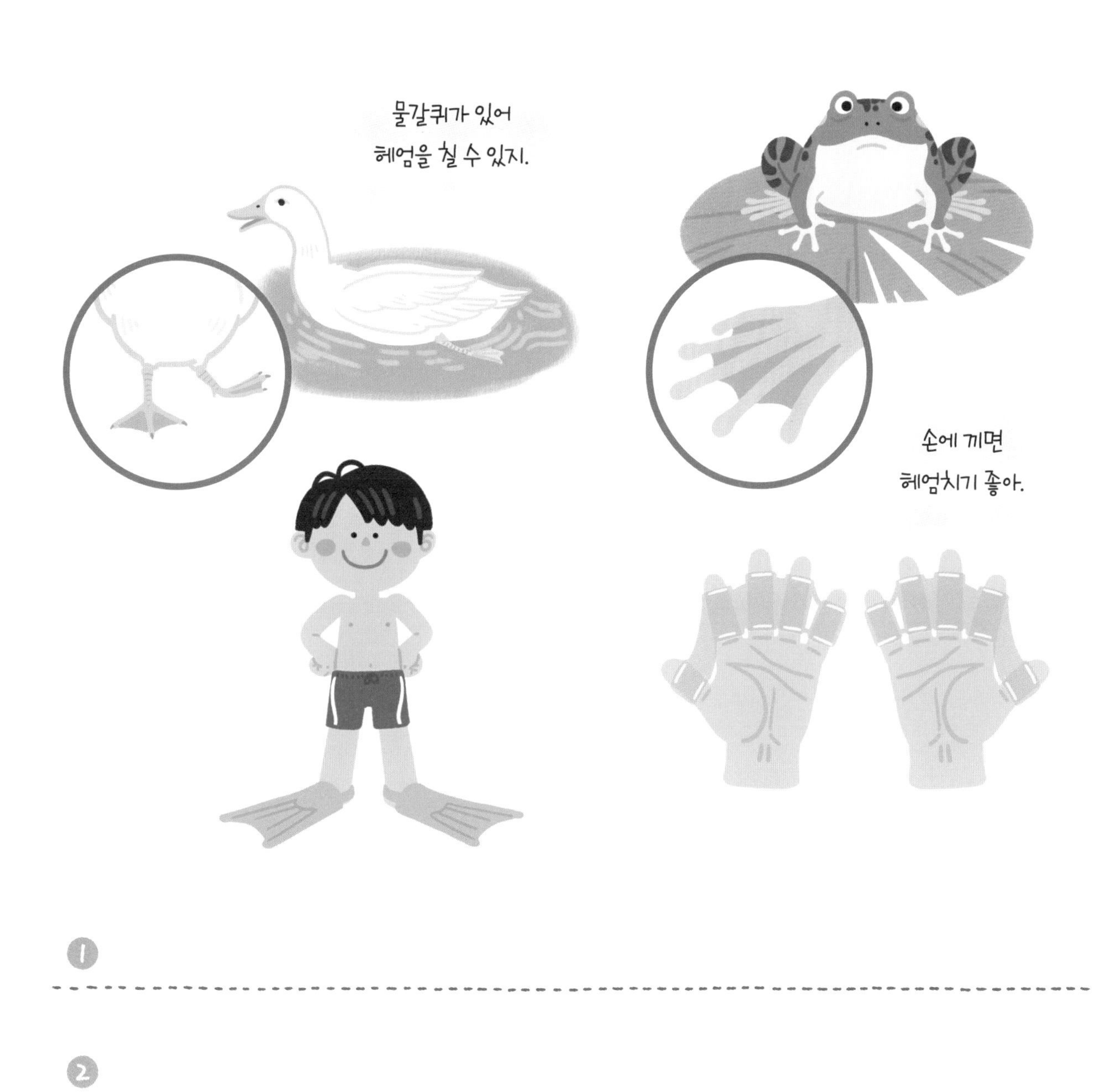


1

2

● 나를 칭찬합니다. 나는 동물 공부를 매일 잘했습니다.

동물에 대해서 알게 된 점은

---

---

# 호기심상

이름

위 어린이는 월 일부터 월 일까지

동물 학습을 거르지 않고 매일매일 잘 해냈기에

이 상장을 줍니다.

년 월 일

엄마 아빠

왕관 붙임 딱지를

붙이세요.

# 식물

## 관찰 탐구

- 잎의 생김새 비교하기
- 돋보기로 잎맥 들여다보기
- 여러 식물의 줄기나 뿌리의 생김새 비교하기

## 분류 탐구

- 사는 곳이나 모양을 기준으로 식물 나누기
- 줄기가 자라는 모습에 따라 비슷한 식물 모으기
- 과일과 채소를 여러 기준으로 나누어 모으기

## 추리 · 예상 탐구

- 잎이나 자른 열매를 보고 식물 찾기
- 식물의 생김새나 특징을 보고 이름 유추하기
- 당근 실험을 통해 사실 판단하기

교과 연계 단원

**봄 1학년 1학기** 도란도란 봄 동산 **여름 2학년 1학기** 초록이의 여름 여행
**4학년 2학기** 식물의 생활 **6학년 1학기** 식물의 구조와 기능

관찰 탐구

# 나무와 풀

★ 나무, 풀, 꽃에 물을 주어요. 나무, 풀, 꽃을 찾아 길을 따라가세요.

★ 나무와 풀은 식물이에요. 식물의 생김새를 살펴보고, 글자 붙임 딱지를 붙이세요.

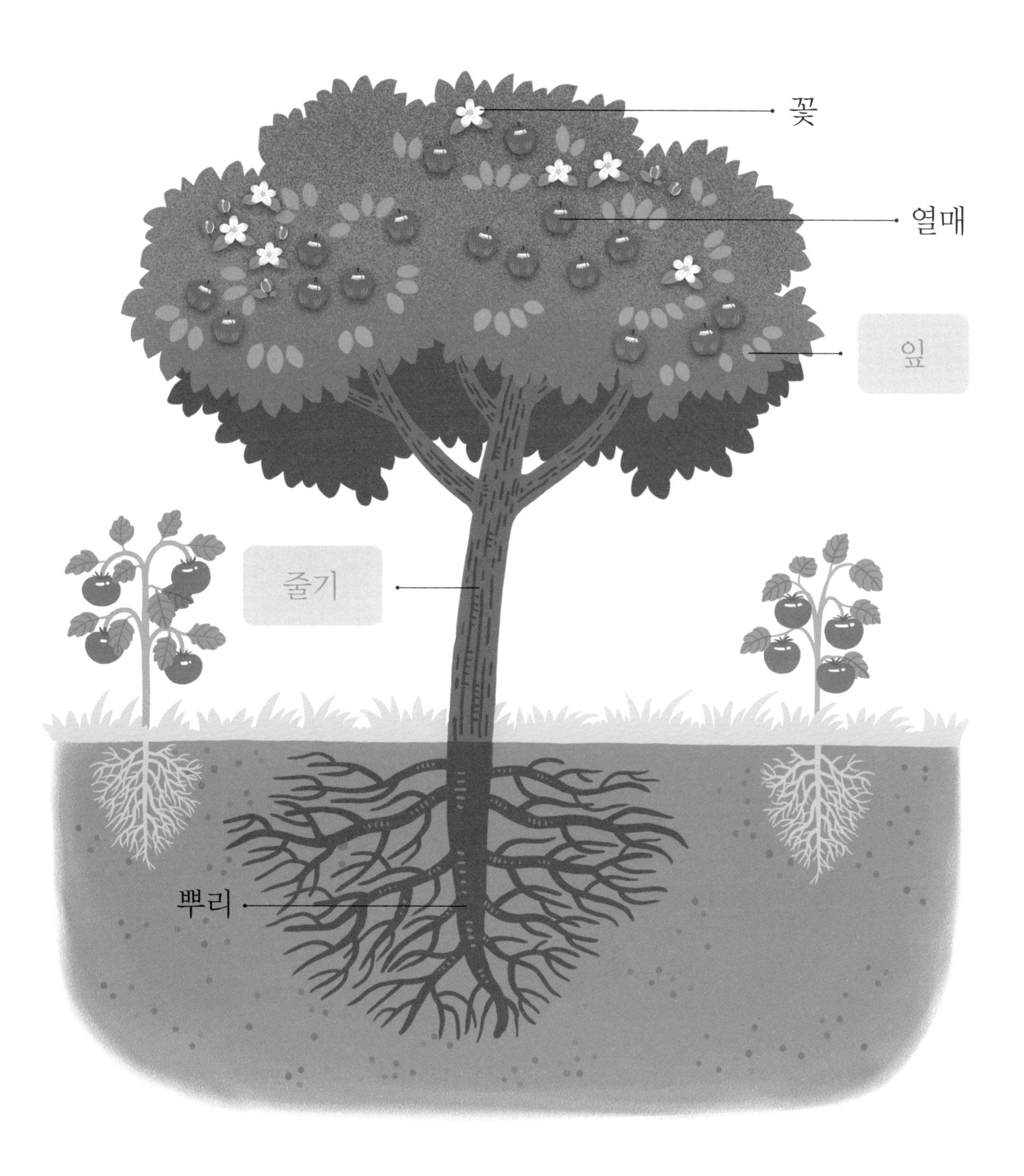

관찰 탐구

# 잎의 생김새

관찰씨가 가리키는 잎과 생김새가 닮은 잎에 ○ 하세요.

단풍나무

고무나무

떡갈나무

은행나무

 무엇을 만들까요? 붙임 딱지에 있는 여러 가지 모양의 잎으로 꾸미세요.

관찰 탐구

# 잎을 살펴봐

관찰씨가 들여다본 잎에 어떤 모양이 있나요? 닮은 모양이 있는 잎에 ◯ 하세요.

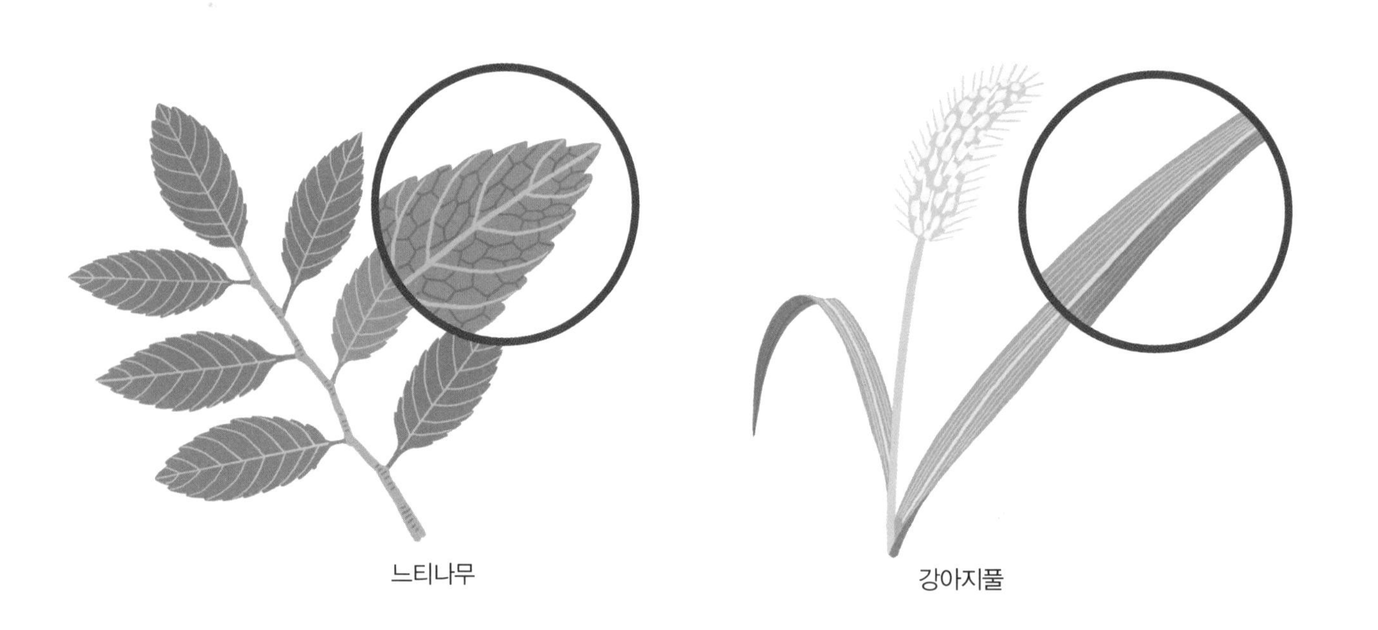

잎에 보이는 줄 모양이 잎맥이에요. 잎맥의 생김새에 알맞은 글과 선으로 이으세요.

떡갈나무

그물처럼 얼기설기 얽어 있어요.

대나무

줄처럼 나란히 뻗어 있어요.

관찰 탐구

# 줄기

★ 잎이 달려 있고, 잎과 뿌리를 이어 주는 나무의 줄기예요. 붙임 딱지에 있는 잎으로  줄기를 꾸미세요.

 나무의 줄기와 풀의 줄기는 어떻게 다른가요? 알맞은 글과 선으로 이으세요.

나무

풀

초록색이고 연해요.

갈색이고 단단해요.

# 줄기는 어떻게 자라지?

 줄기가 위로 곧게 자라는 식물을 찾아 ◯ 하세요 .

 위로 곧게 자라는 줄기는 곧은줄기이고, 스스로 서지 못하고 다른 물건을 감아서 올라가는 줄기는 감는줄기입니다.

 줄기가 땅속에서 자라는 식물이에요. 어떤 식물인지 찾아 선으로 이으세요.

감자

고사리

양파

# 뿌리

★ 당근의 뿌리는 어떻게 생겼나요? 뿌리가 당근처럼 생긴 식물에 ◯ 하세요.

★ 뿌리가 있는 양파와 뿌리가 없는 양파를 물에서 키웠어요. 물이 줄어든 그림에 ◯ 하세요.

관찰 탐구

# 뿌리의 생김새

식물의 뿌리는 어떻게 생겼나요? 파의 뿌리처럼 생긴 식물을 찾아 길을 따라가세요.

관찰
탐구

# 이상한 식물을 찾아봐

★ 식물마다 사는 곳과 자라는 모습이 달라요. 사는 곳이나 자라는 모습이 잘못된 식물 3가지를 찾아 ◯ 하세요.

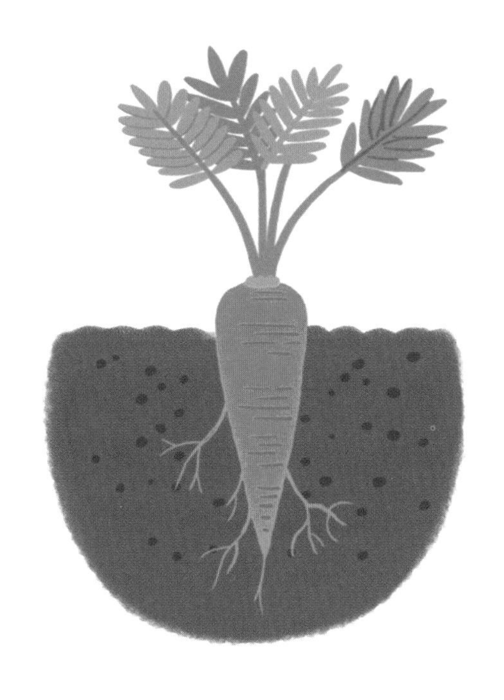

관찰 탐구

# 물에 사는 식물

★ 물 위에 사는 식물과 물속에 사는 식물은 어떻게 다른가요? 알맞은 글과 선으로 이으세요.

물 위에 사는 식물

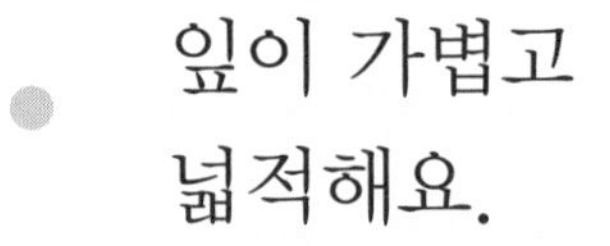

물속에 사는 식물

줄기가 가늘고
부드러워요.

관찰 탐구

# 특이한 환경에 사는 식물

★ 식물의 생김새를 살펴보고, 사는 곳이 어디인지 길을 따라가세요.

분류 탐구

# 어떻게 나누었나?

식물을 둘로 나누었어요. 어떻게 나누었나요? 알맞은 글자 붙임 딱지를 붙이세요.

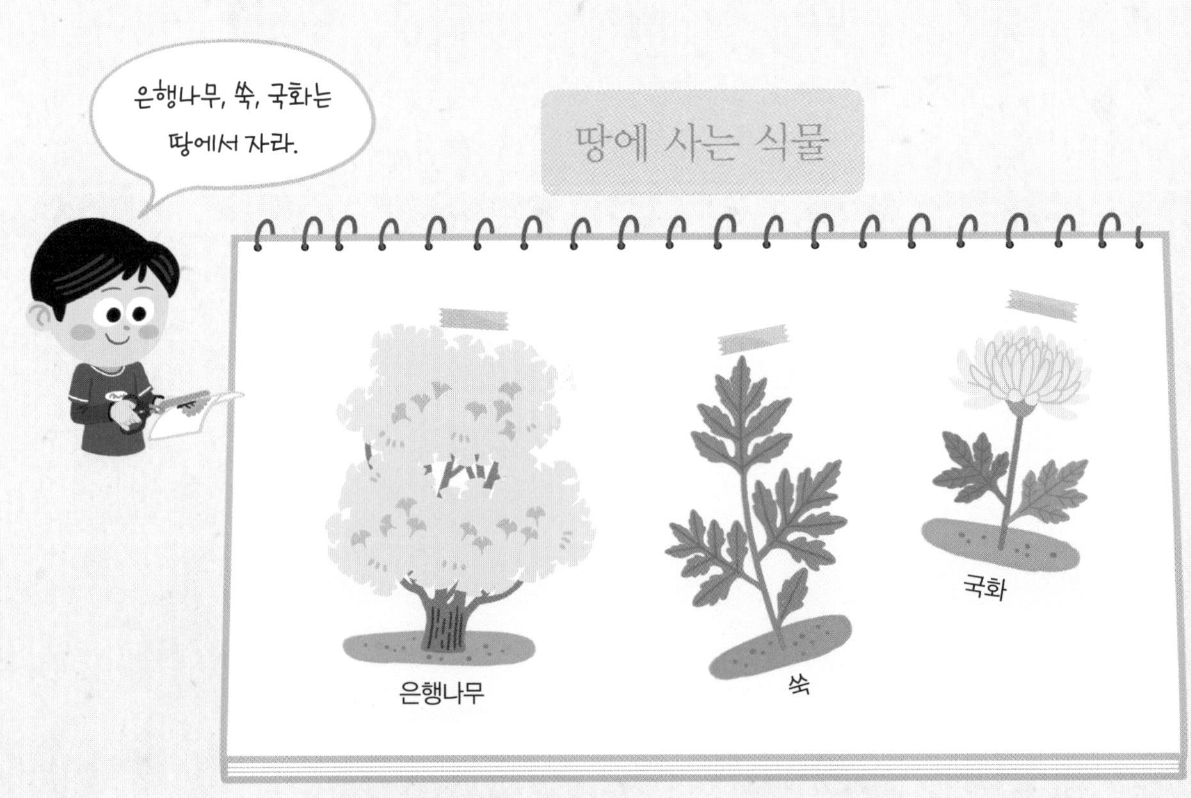


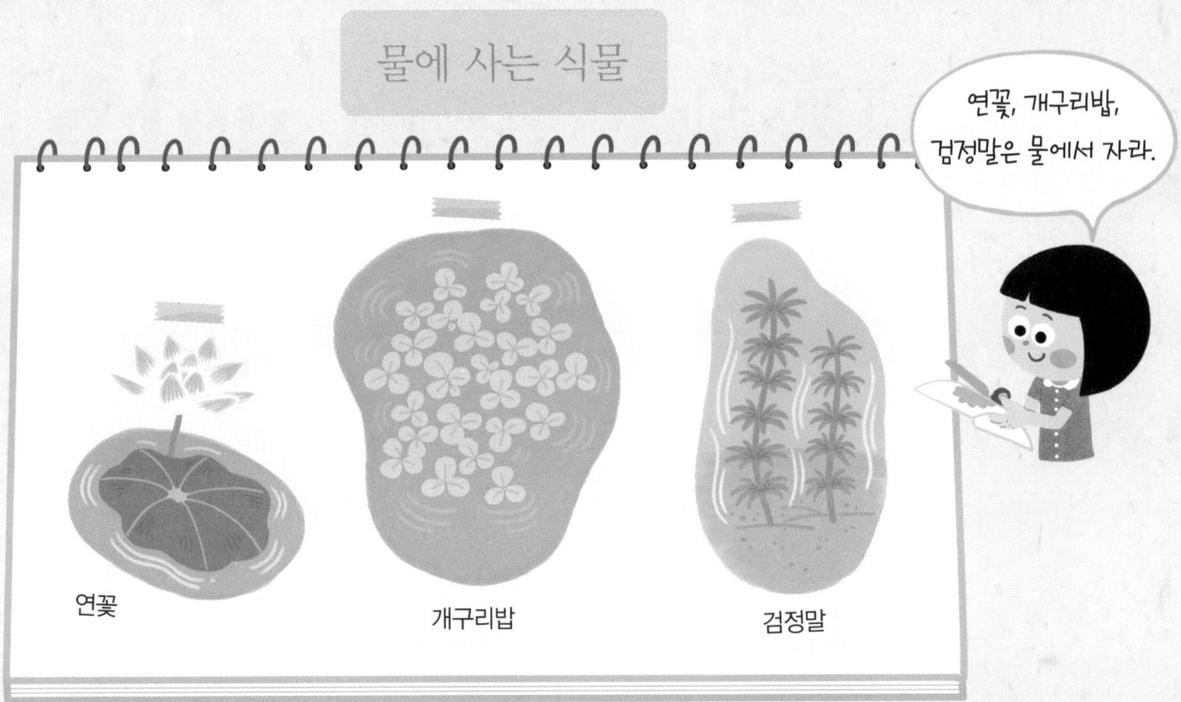

 나무끼리, 풀끼리 모았어요. 잘못 모은 풀이나 나무에 ◯ 하세요.

분류
탐구

# 잎을 어떻게 나누지?

식물의 잎을 둥근 모양의 잎과 둥근 모양이 아닌 잎으로 나누어 붙임 딱지를 붙이세요.

둥근 모양의 잎을 붙이세요.

둥근 모양이 아닌 잎을 붙이세요.

 나뭇잎과 풀잎으로 나누어 붙임 딱지를 붙이세요.

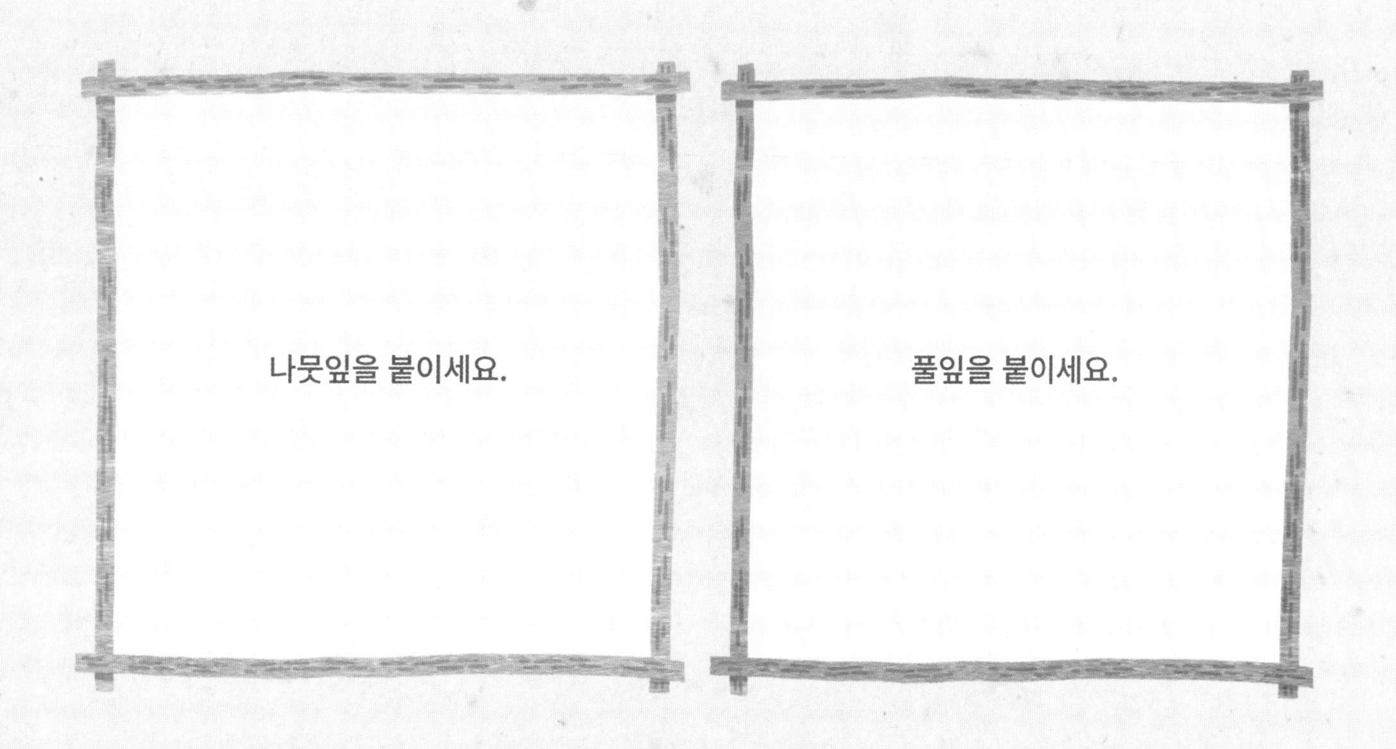

 땅에 사는 식물과 물에 사는 식물의 잎으로 나누어 붙임 딱지를 붙이세요.

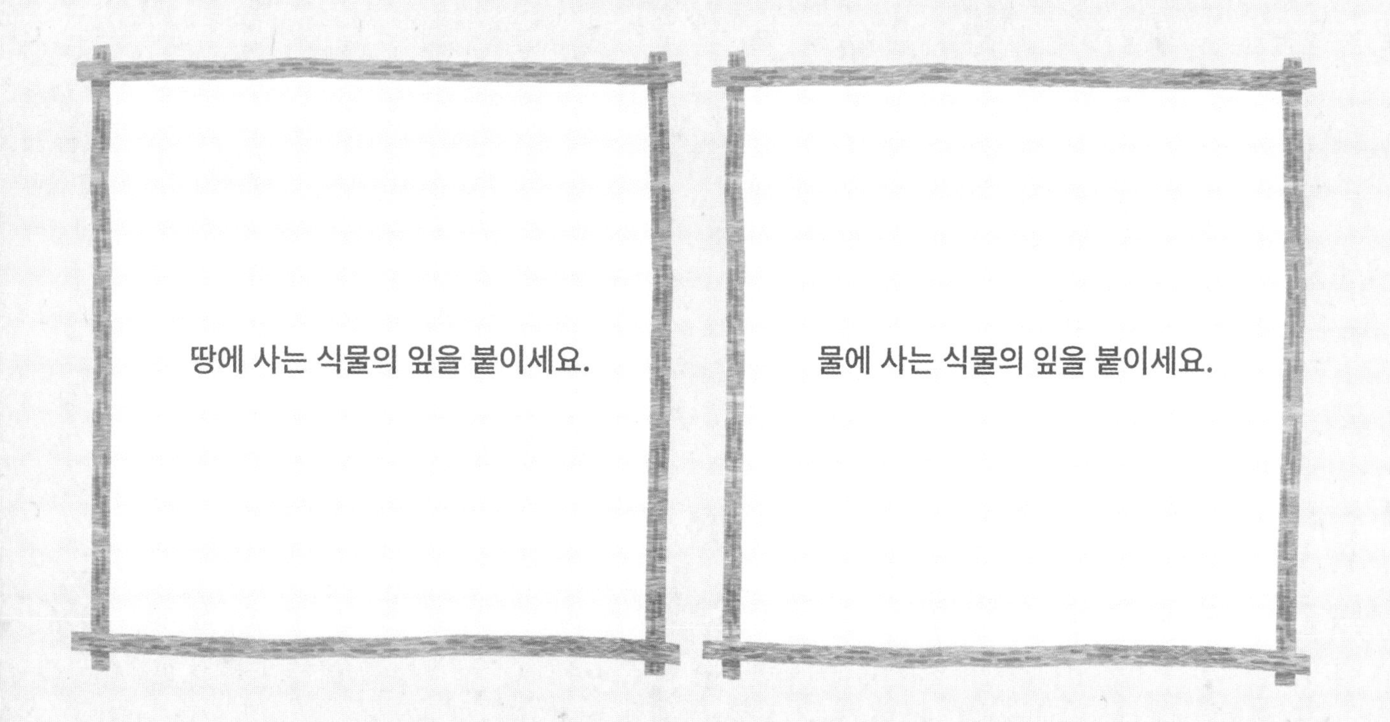

# 비슷한 줄기끼리

식물을 줄기가 자라는 모습에 따라 나누었어요. 붙임 딱지에 있는 식물을 알맞은 곳에 붙이세요.

분류 탐구

# 양분을 모아 두는 식물끼리

식물에 따라 양분을 모아 두는 곳이 달라요. 모은 식물을 보고 알맞은 글과 선으로 이으세요.

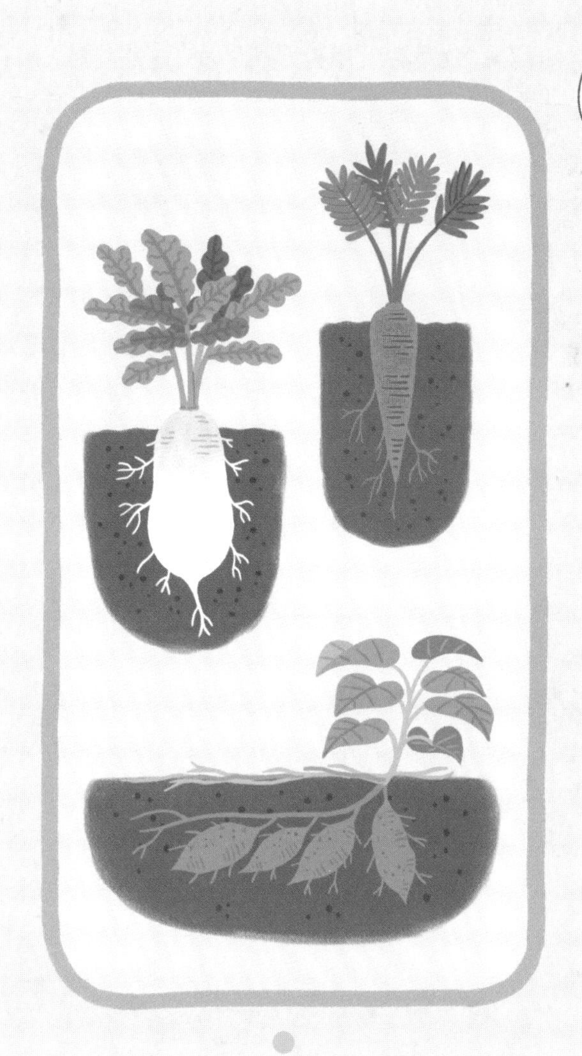

양분을 뿌리에 모아요.

양분을 줄기에 모아요.

# 과일과 채소 분류 놀이

★ 과일과 채소를 어떻게 나눌까요? 손놀이 꾸러미에 있는 식물 카드로 분류 놀이를 하세요.

★ 밭에서 자라는 식물과 나무에서 얻는 식물로 나누세요.

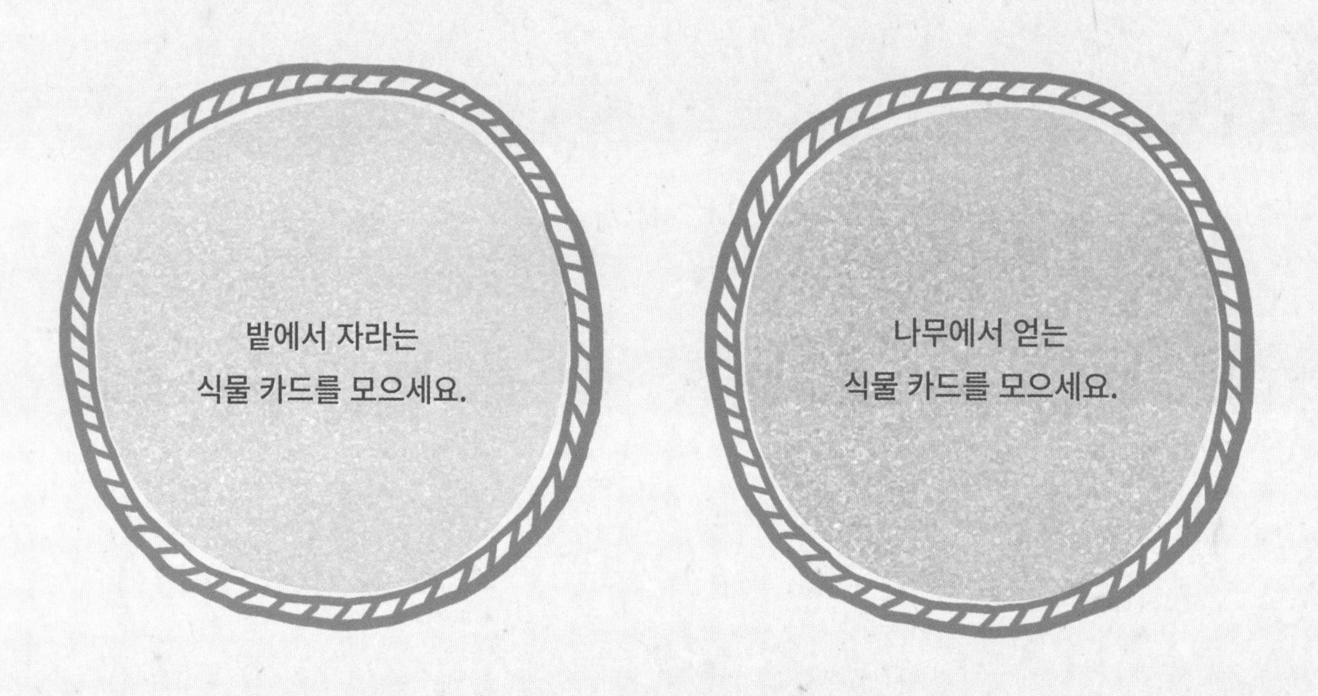

우리가 주로 먹는 채소를 꽃을 먹는 식물, 줄기를 먹는 식물, 뿌리를 먹는 식물로 나누세요.

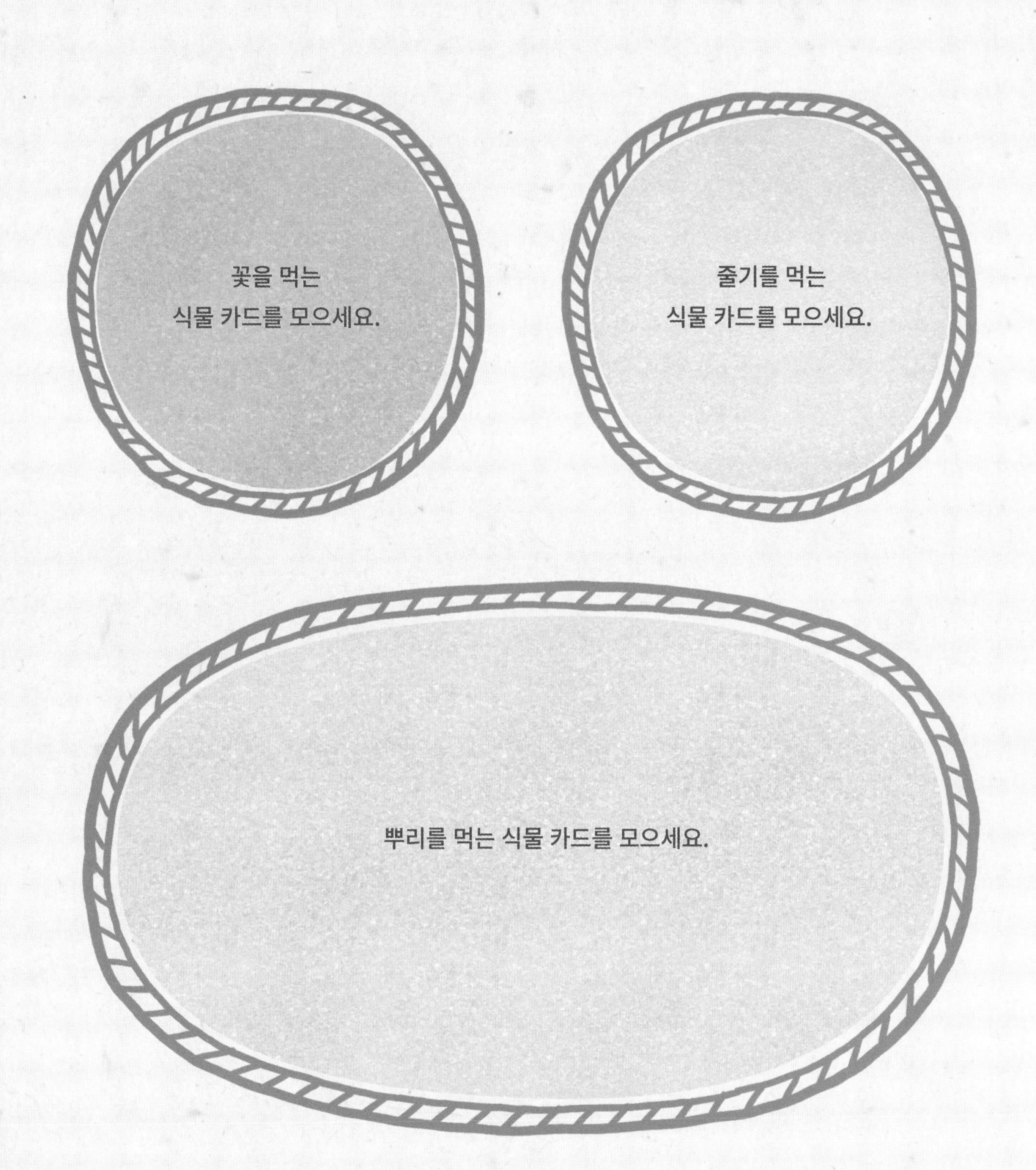

추리 예상

# 어느 식물일까?

잎의 생김새를 살펴보고, 알맞은 식물을 찾아 선으로 이으세요.

강아지풀

연꽃

떡갈나무

 열매를 자른 모습이에요. 알맞은 식물을 찾아 선으로 이으세요.

추리 예상

# 이름이 무엇일까?

☆ 독특한 생김새로 이름을 지은 식물이에요. 식물을 보고 떠오르는 이름과 선으로 이으세요.

- 도깨비바늘
- 은방울꽃
- 할미꽃

독특한 냄새나 특징으로 이름을 지은 식물이에요. 식물을 보고 떠오르는 이름과 선으로 이으세요

애기똥풀

생강나무

추리 예상

# 왜 당근에 줄이 보일까?

당근의 뿌리를 잘랐어요. 어떻게 생겼는지 살펴보고, 양분을 모아 두는 곳에 ○ 하세요.

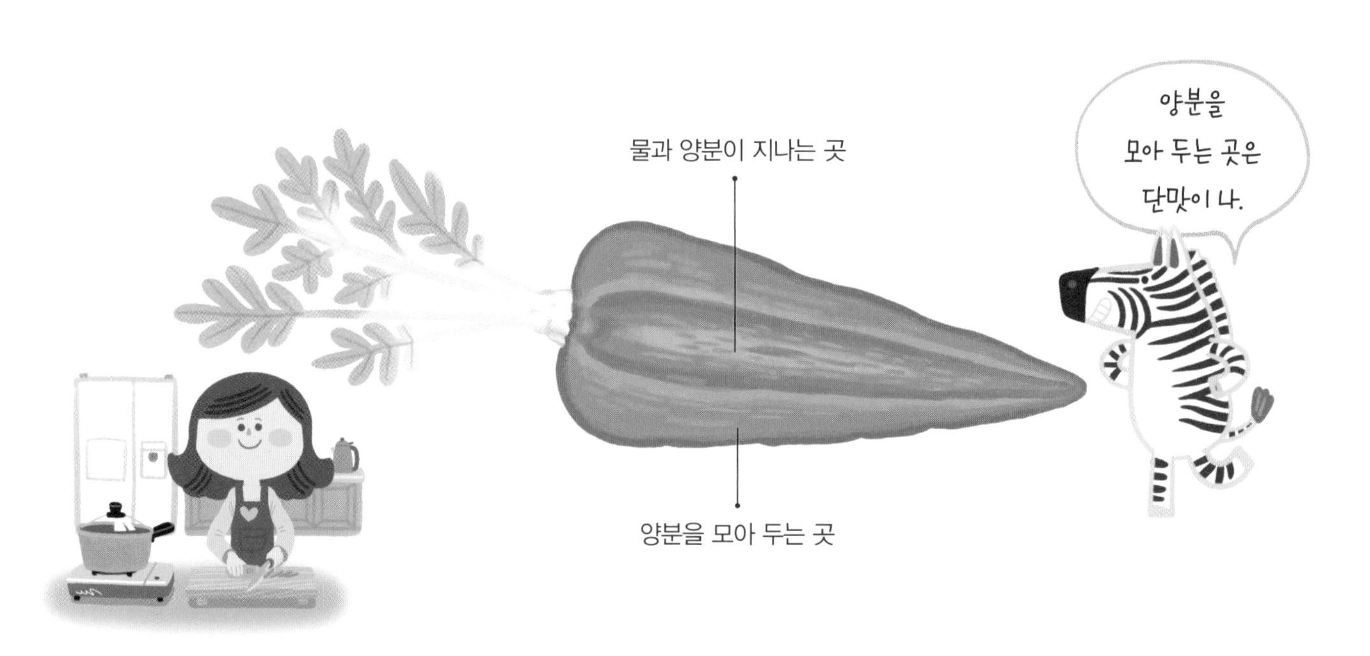


단맛이 나는 곳에 ○ 하세요.

추리 예상

# 왜 잎은 녹색일까?

잎에는 아주 작은 녹색 알갱이가 있어요. 이야기를 읽고, 녹색 알갱이가 하는 일에 ◯ 하세요.

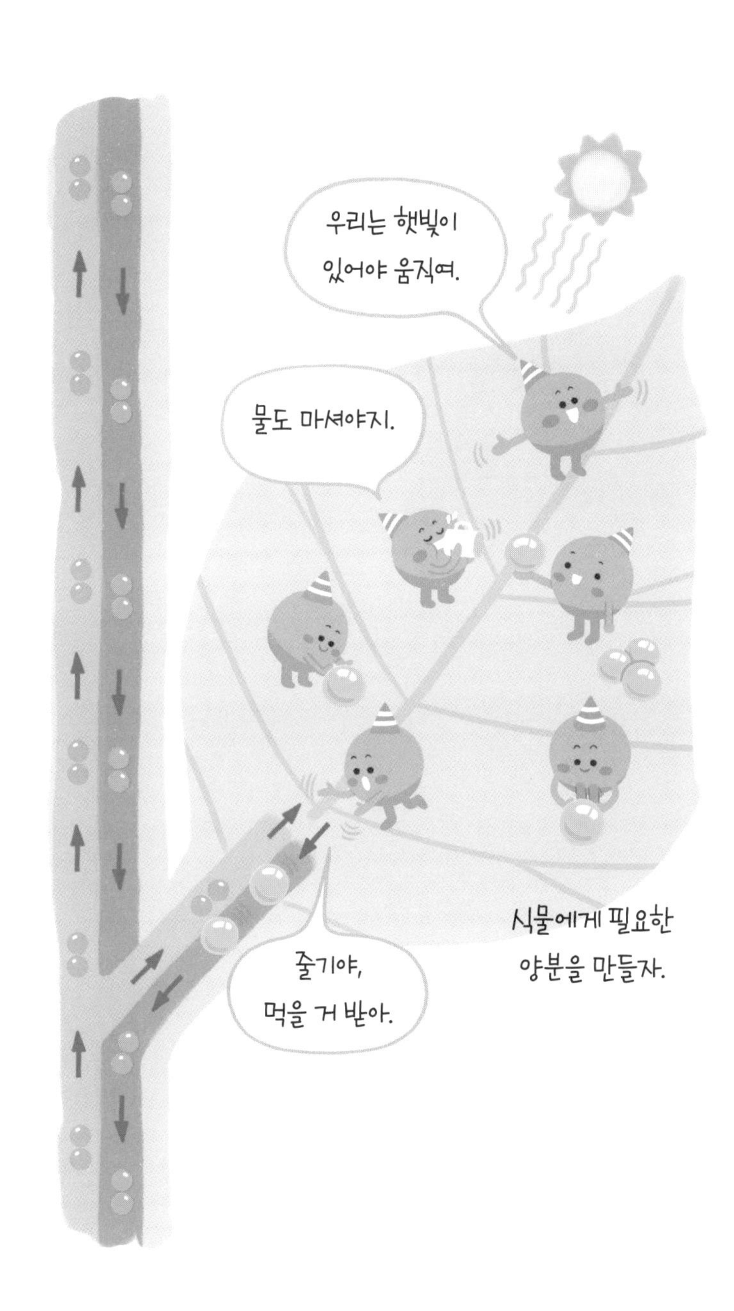


1. 벌레를 막아 줘요.
2. 잎을 청소해요.
3. 양분을 만들어요.
4. 공기를 더럽혀요.

추리 예상

# 식물 속이 어떻게 생겼을까?

땅에 사는 식물과 물에 사는 식물이에요. 자른 모습을 살펴보고, 알맞은 식물을 찾아 선으로 이으세요.

옥잠화

부레옥잠

 부레옥잠의 볼록한 잎자루 부분을 자르면 여러 개의 구멍들이 보입니다. 이 구멍에 공기가 들어 있어 물에 잘 뜹니다.

☆ 선인장은 줄기에 물을 모아 두어요. 줄기 속을 살펴보고, 선인장의 줄기에 ◯ 하세요.

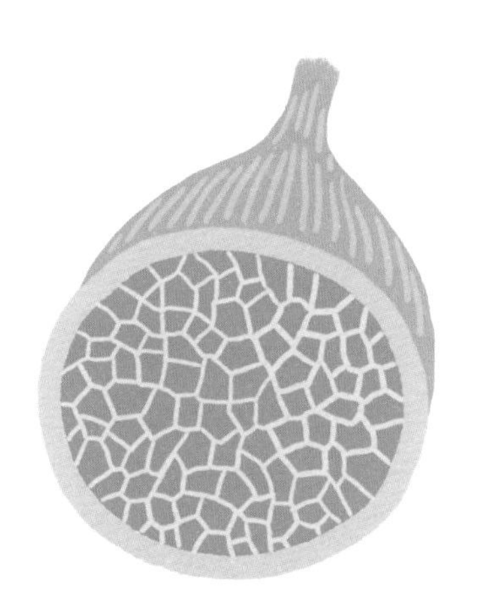

추리 예상

# 나이테는 모든 나무에 있을까?

☆ 나무 줄기에 둥근 띠 모양이 나이테예요. 그림을 보고, 알맞은 글에 ◯ 하세요.

1 나이테는 모든 나무에 있어요.

2 나이테가 없는 나무도 있어요.

추리 예상

# 왜 벌레를 잡아먹을까?

벌레를 잡아먹는 식물이 있어요. 이야기를 읽고, 왜 벌레를 잡아먹는지 알맞은 글에 ◯ 하세요.

1 심심해서

2 양분이 필요해서

3 햇빛이 필요해서

4 예뻐 보이려고

추리 예상

# 식물에 뿌리가 없다면?

만약 식물에 뿌리가 없다면 어떻게 될지 생각해 보고, 그림으로 그리세요.

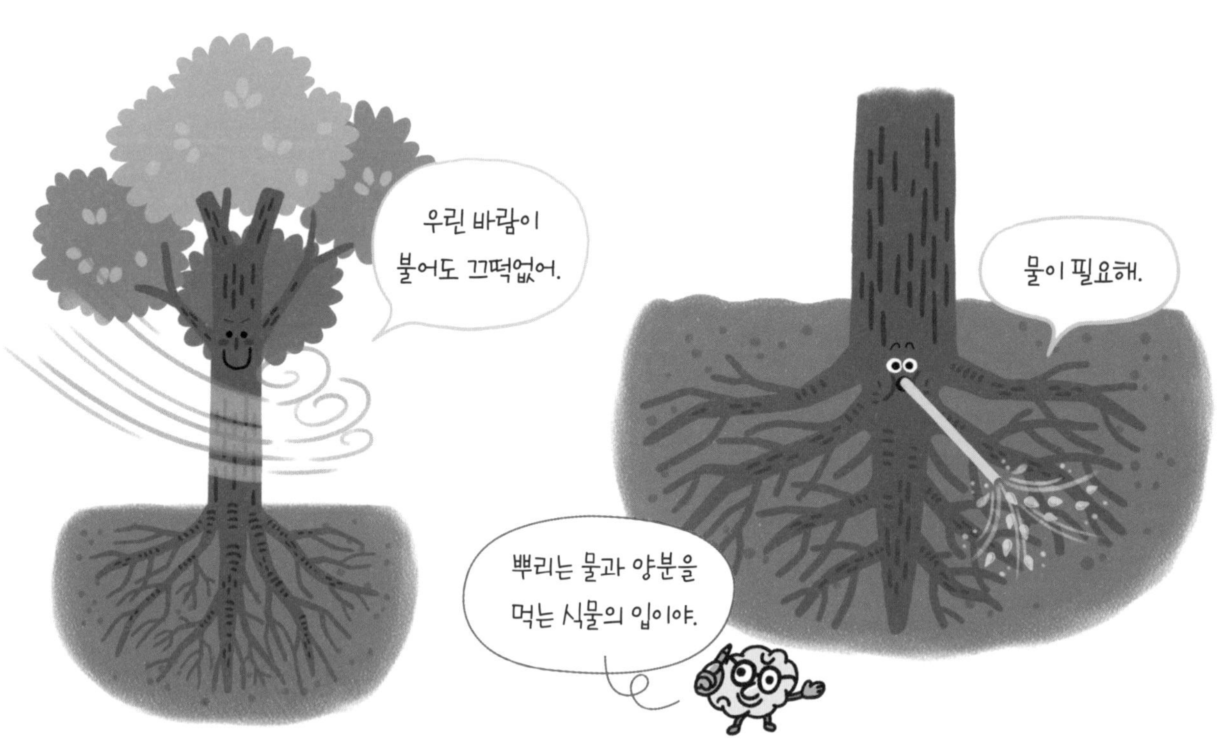

# 내가 식물로 변한다면?

만약 내가 식물로 변한다면 어떤 일이 생길지 생각해 보고, 글로 쓰세요.

①

---

②

---

● 나를 칭찬합니다. 나는 식물 공부를 매일 잘했습니다.

식물에 대해서 알게 된 점은

# 엄지척상

이름

위 어린이는 월 일부터 월 일까지

식물 학습을 거르지 않고 매일매일 잘 해냈기에

이 상장을 줍니다.

년 월 일

엄마 아빠

왕관 붙임 딱지를

붙이세요.

**관찰 탐구**

- 몸과 뼈의 생김새 살펴보기
- 수수께끼 놀이, 같은 사람 찾기, 털 그리기
- 손뼈 만들기를 통해 관절 실험하기

**분류 탐구**

- 사람의 생김새를 다양한 기준으로 나누어 보기
- 모여 있는 무리의 공통점 찾기
- 눈, 코, 입, 귀, 피부와 관계있는 것끼리 모으기

**추리 · 예상 탐구**

- 관찰을 통해 이, 눈, 피부의 기능 유추하기
- 안과 겉모습 관계 짓기
- '만약 뼈가 없다면 어떨까?' 글로 써 보기

교과 연계 단원

**봄 2학년 1학기** 알쏭달쏭 나 **6학년 2학기** 우리 몸의 구조와 기능

관찰 탐구

# 몸의 생김새

우리 몸의 생김새를 살펴보고, 글자 붙임 딱지를 붙이세요.

 몸 수수께끼예요. 나는 무엇인지 찾아 선으로 이으세요.

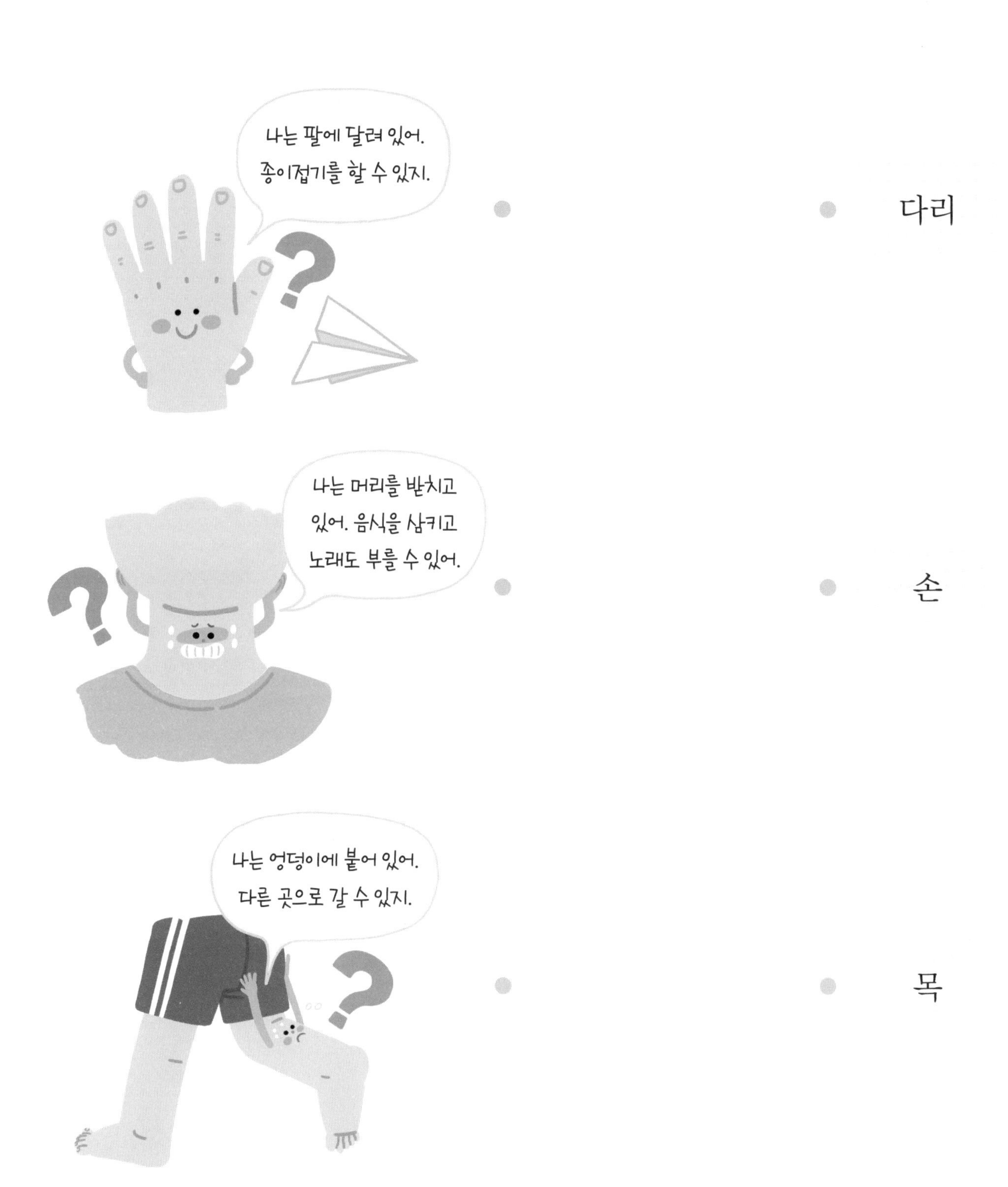

관찰 탐구

# 피부색이 달라

★ 사람마다 피부색이나 머리 모양이 달라요. 관찰씨가 가리키는 사람을 찾아 ○ 하세요.

관찰
탐구

# 털을 그려 봐

★ 머리카락, 눈썹, 아빠의 수염이 모두 털이에요. 내 몸에 있는 털을 살펴보고, 그림에 털을 그리세요.

관찰
탐구

# 피부는 어떤 일을 하지?

피부는 우리 몸을 싸고 있는 곳이에요. 피부가 하는 일과 글을 선으로 이으세요.

뜨거운 햇볕을
막아 줘요.

먼지나 나쁜
세균을 막아 줘요.

《와이즈만 유아 과학사전》 84쪽을 찾아봐.

 우리는 피부로 느껴요. 어떤 느낌인지 살펴보고, 글자 붙임 딱지를 붙이세요.

관찰
탐구

# 표정을 지어 봐

★ 표정을 지으려면 얼굴 근육을 움직여야 해요. 표정에 알맞은 근육을 찾아 선으로 이으세요.

관찰 탐구

# 근육과 뼈

피부 바로 밑에 근육과 뼈가 있어요. 달리기를 하는 모습과 공을 잡은 모습의 근육과 뼈를 찾아 선으로 이으세요.

관찰
탐구

# 뼈를 찾아 줘

★ 몸 안에 단단하게 만져지는 것이 뼈예요. 붙임 딱지에 있는 뼈를 알맞은 곳에 붙이세요.

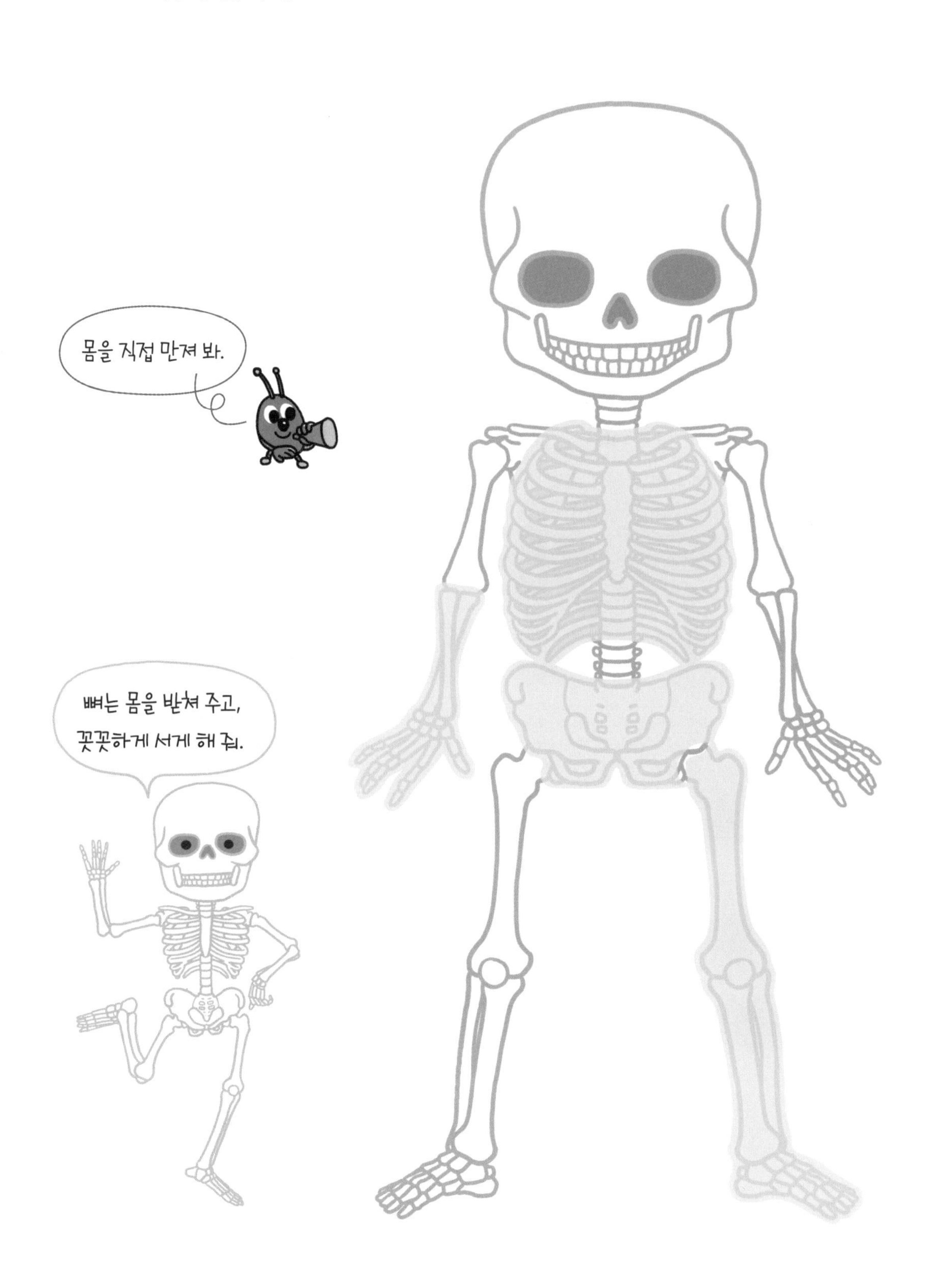

 몸속의 약한 곳을 감싸 지켜 주는 뼈예요. 뇌를 지켜 주는 뼈에 ◯ 하세요.

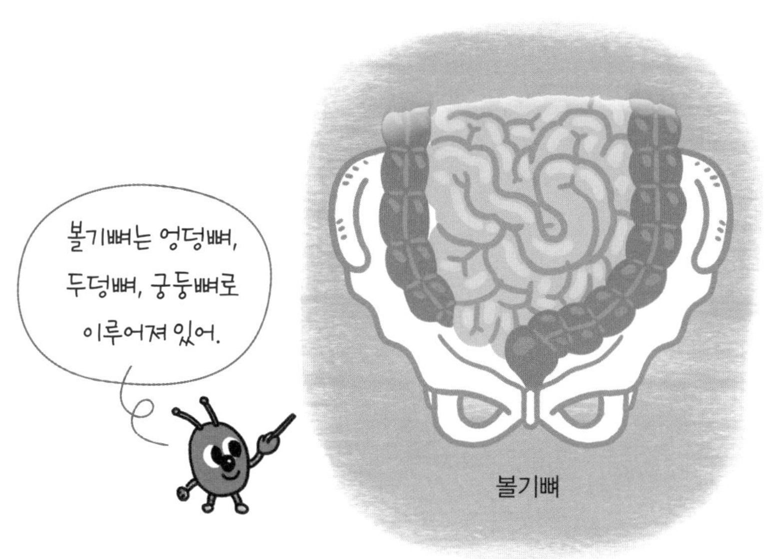


볼기뼈

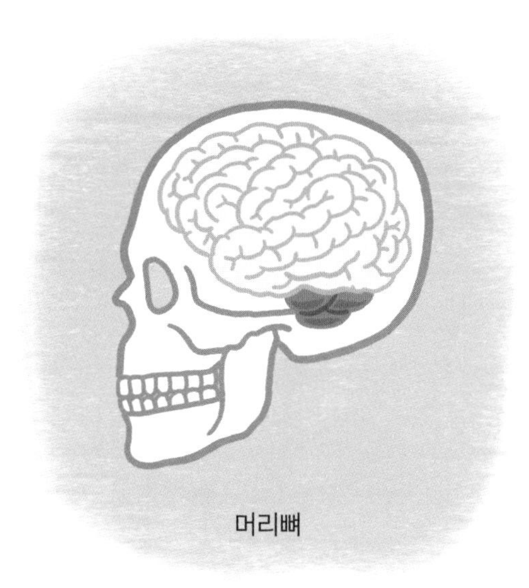

머리뼈

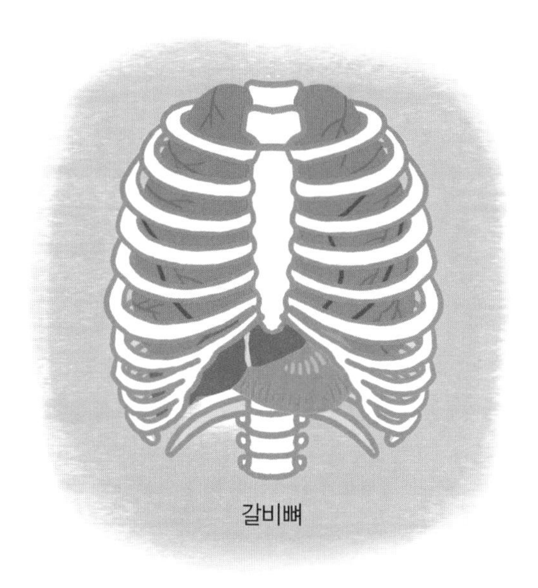

갈비뼈

# 마녀의 손

★ 손가락을 구부릴 때와 펼 때 뼈는 어떻게 움직이나요? 마녀의 손을 만들고, 손뼈의 생김새를 살펴보세요.

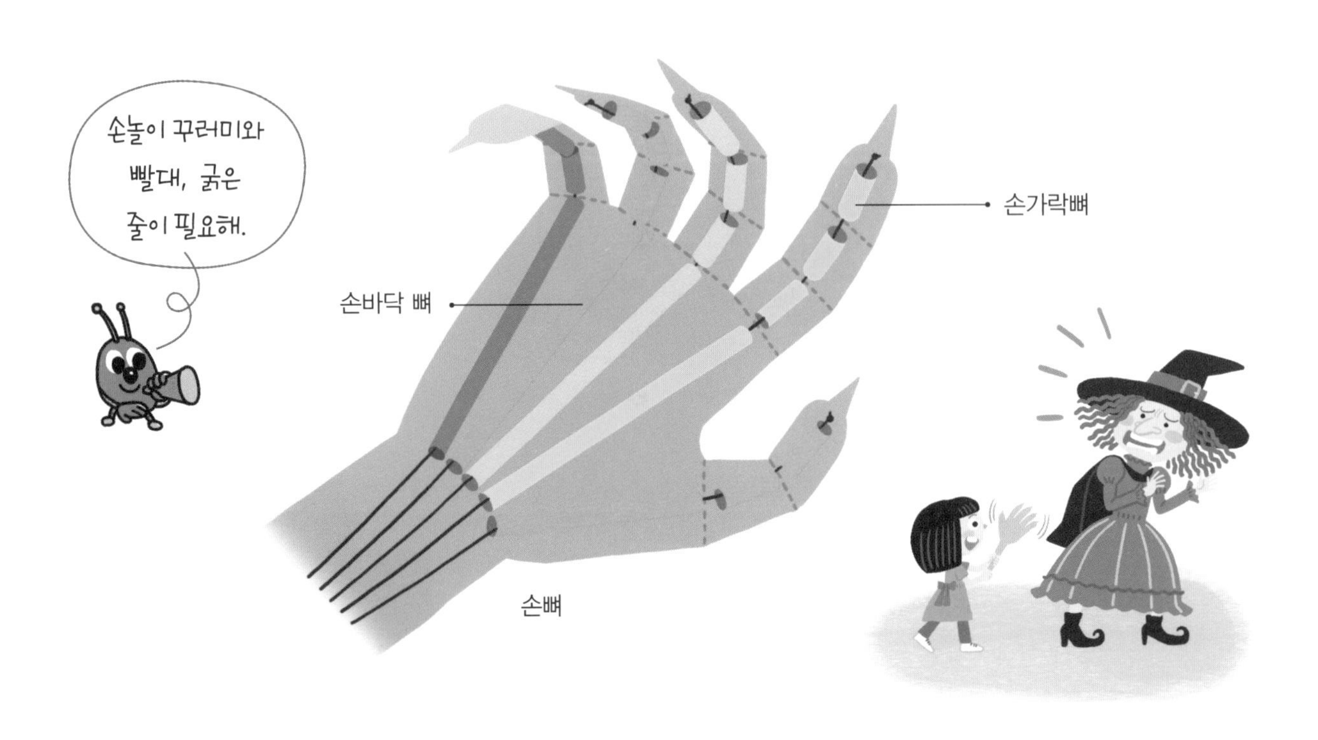


★ 여러 개의 작은 뼈로 이어져 있는 손뼈에 ○ 하세요.

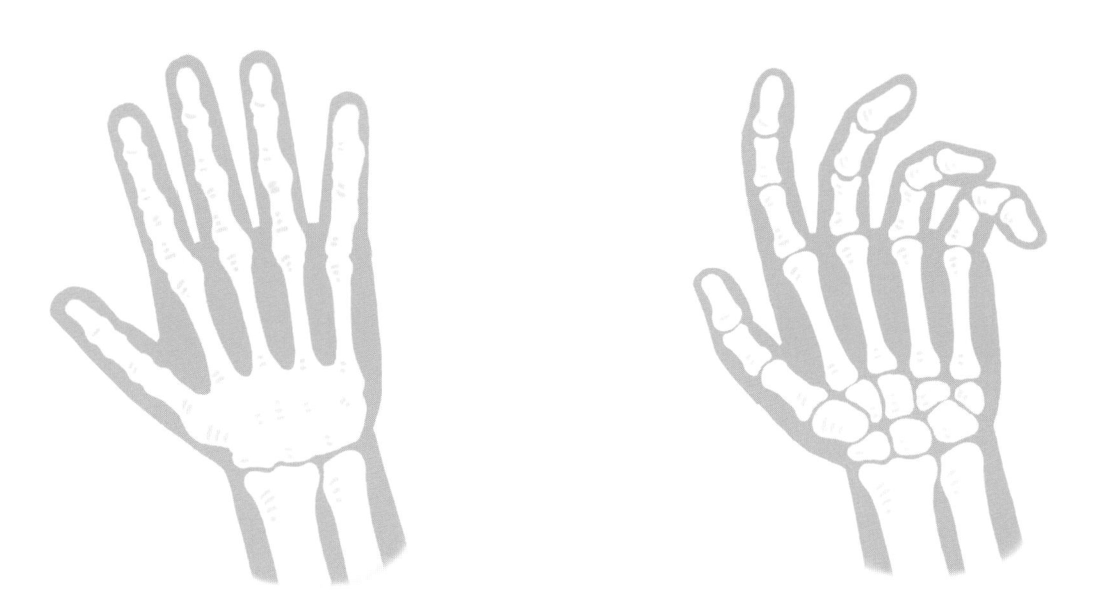

관찰 탐구

# 팔을 움직여 봐

팔을 굽힐 때와 펼 때 근육과 뼈는 어떻게 움직이나요? 알맞은 글과 선으로 이으세요.

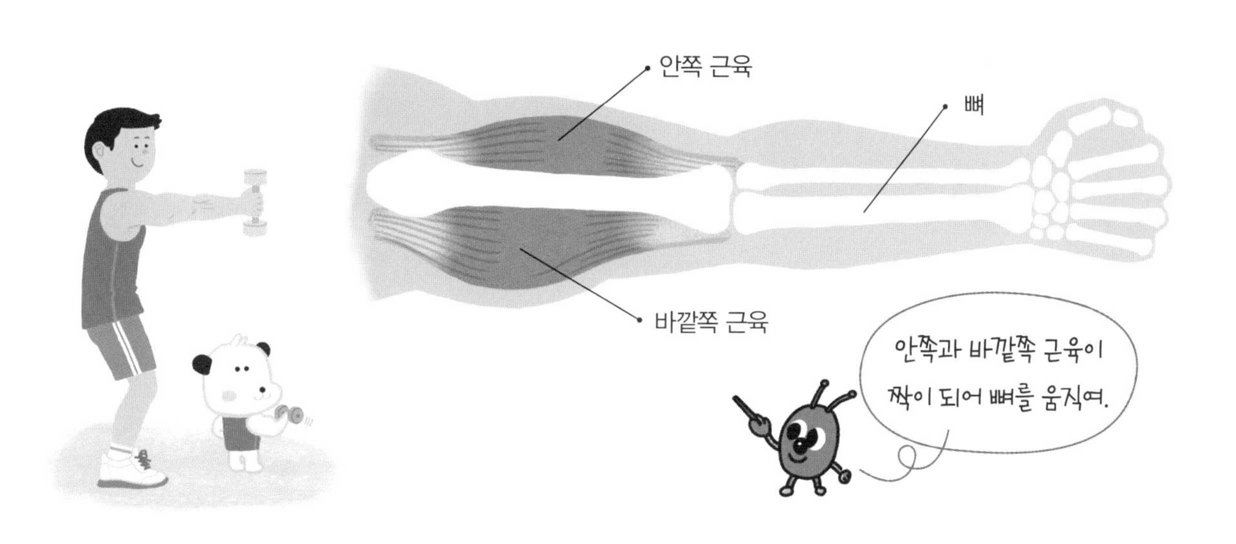

안쪽 근육이 늘어나며 뼈를 놓아요.

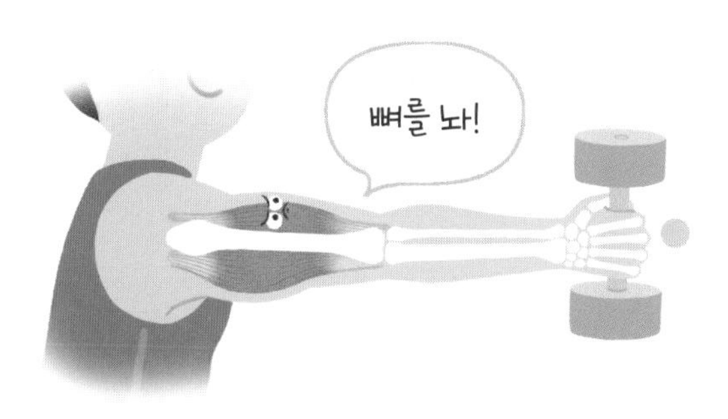


안쪽 근육이 오므라들며 뼈를 잡아당겨요.

관찰
탐구

# 뇌가 하는 일

★ 뇌는 머리 안에 있어요. 우리가 기억하고, 생각하게 해 줘요. 친구의 뇌를 찾아 선으로 이으세요.

눈으로 보고, 귀로 소리를 듣고, 혀로 맛을 보면 뇌가 무엇인지 알아요. 해적의 뇌가 알아챈 것을 찾아 길을 따라가세요.

# 사람을 어떻게 나누지?

공원에 모인 사람을 어떻게 나눌까요? 여러 가지 나누는 방법을 생각해 보세요.

남자와 여자로 나누어 붙임 딱지를 붙이세요.

남자를 붙이세요.

여자를 붙이세요.

 어린이와 어른으로 나누어 붙임 딱지를 붙이세요.

★ 머리가 곧은 사람과 머리가 곱슬인 사람으로 나누어 붙임 딱지를 붙이세요.

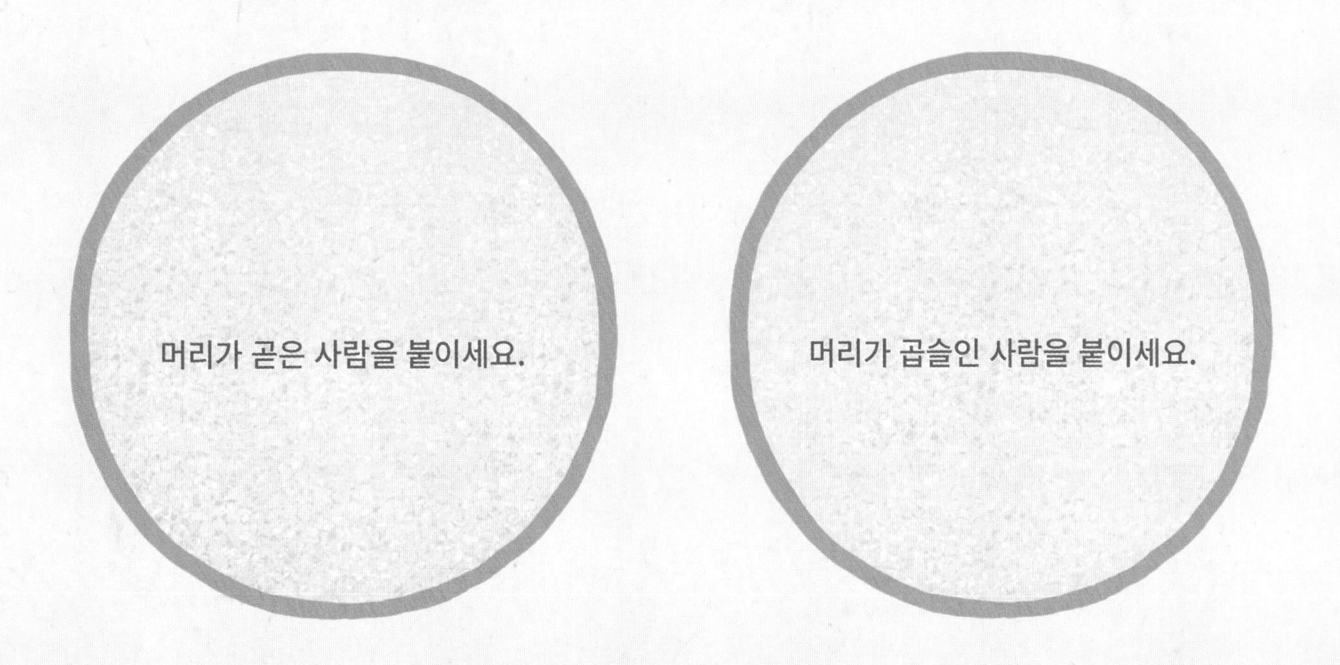

분류
탐구

# 피부끼리, 뼈끼리

우리 몸에서 같은 일을 하는 곳끼리 모았어요. 어떻게 모았는지 알맞은 글자 붙임 딱지를 붙이세요.

피부는 몸의 겉 부분을 덮고 있는 신체 기관으로 외부로부터 몸을 보호해 줍니다. 점이나 주름, 지문, 땀, 털은 모두 피부와 관계있습니다.

 피부가 아픈 친구끼리, 뼈가 아픈 친구끼리 선으로 묶으세요.

분류 탐구

# 우리 몸 분류 놀이

우리 몸을 어떻게 나눌까요? 눈, 코, 귀, 혀, 피부와 관계있는 카드로 분류 놀이를 하세요.

코로 냄새를 맡아.
뜨겁고 차가운 건
만져 보면 알 수 있어.
귀와 관계있는
카드를 모으세요.
혀와 관계있는
카드를 모으세요.
피부와 관계있는
카드를 모으세요.

분류 탐구

# 맞는 곳에 모았나?

★ 눈과 관계있는 물건끼리, 귀와 관계있는 물건끼리 모았어요. 잘못 모은 물건에 ◯ 하세요.

# 음식을 어떻게 나누지?

이에 좋은 음식과 이에 나쁜 음식으로 나누어 붙임 딱지를 붙이세요.

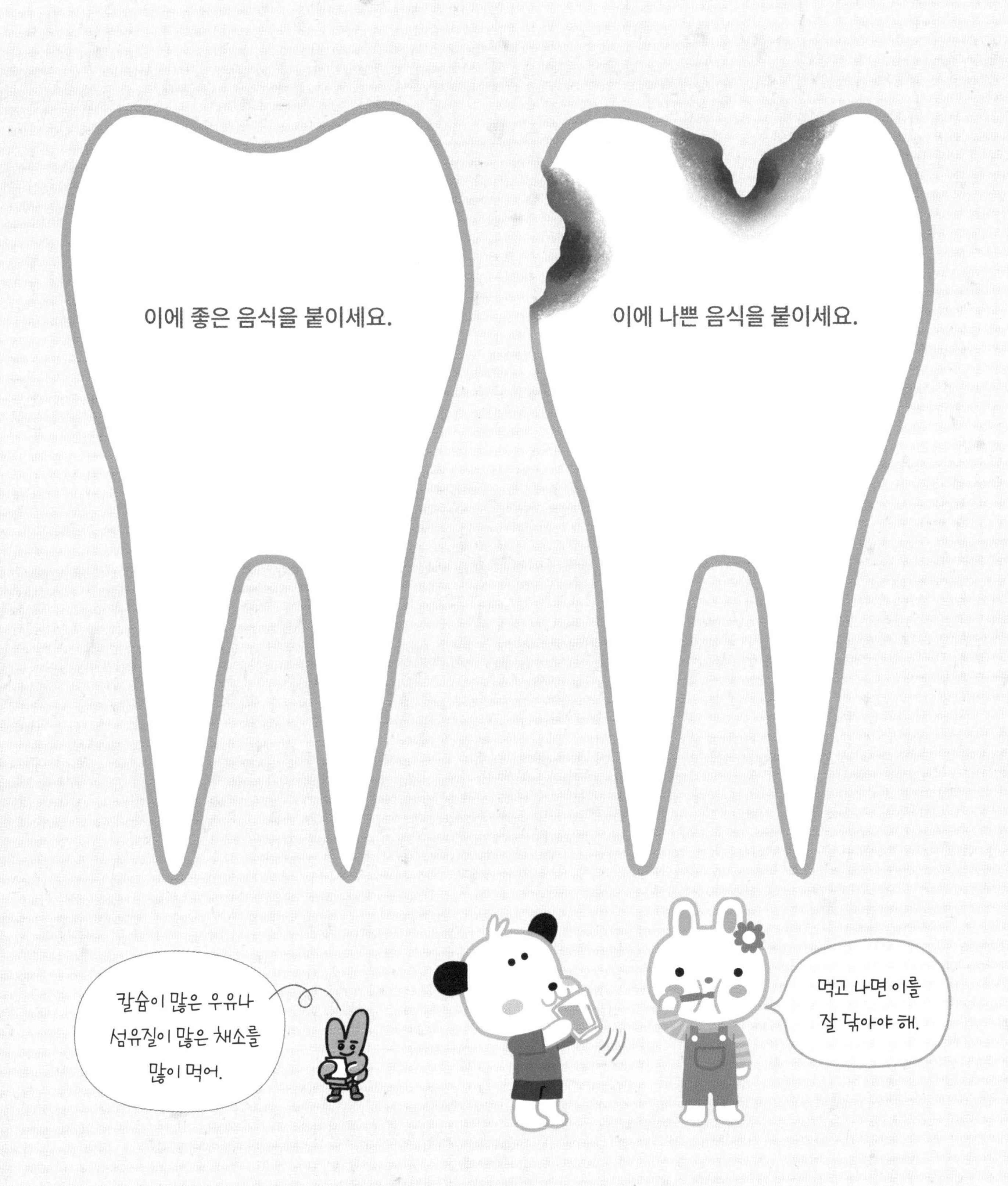

추리 예상

# 왜 이는 생김새가 다를까?

음식을 꼭꼭 씹으려면 어떤 이가 좋을까요? 넓적한 모양, 납작한 모양, 뾰족한 모양의 이 중에서 찾아 ◯ 하세요.

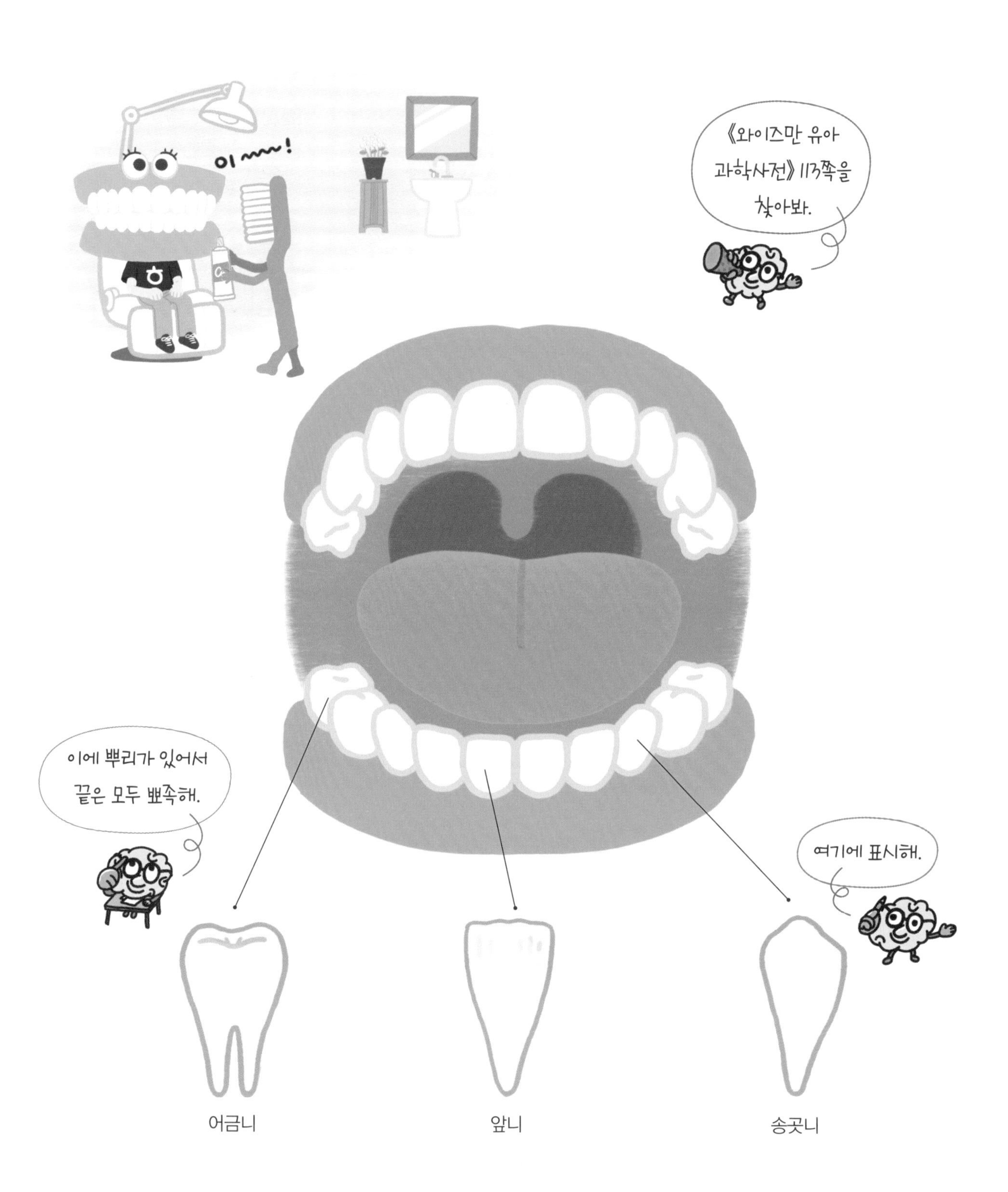

이가 음식을 자르는 모습이에요. 이와 닮은 물건을 찾아 선으로 이으세요.

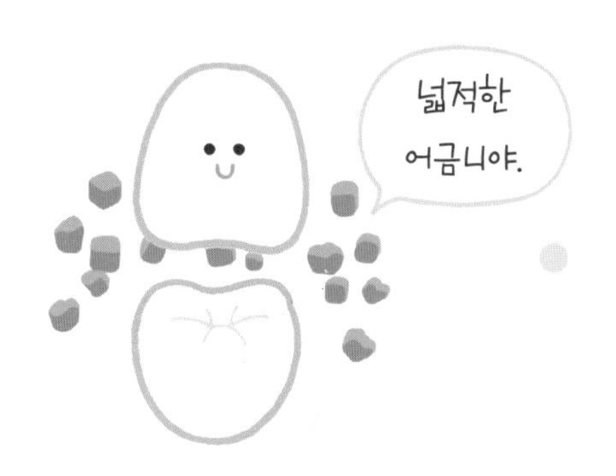

추리 예상

# 몸속 어디일까?

몸속의 생김새를 살펴보고, 알맞은 곳을 찾아 선으로 이으세요.

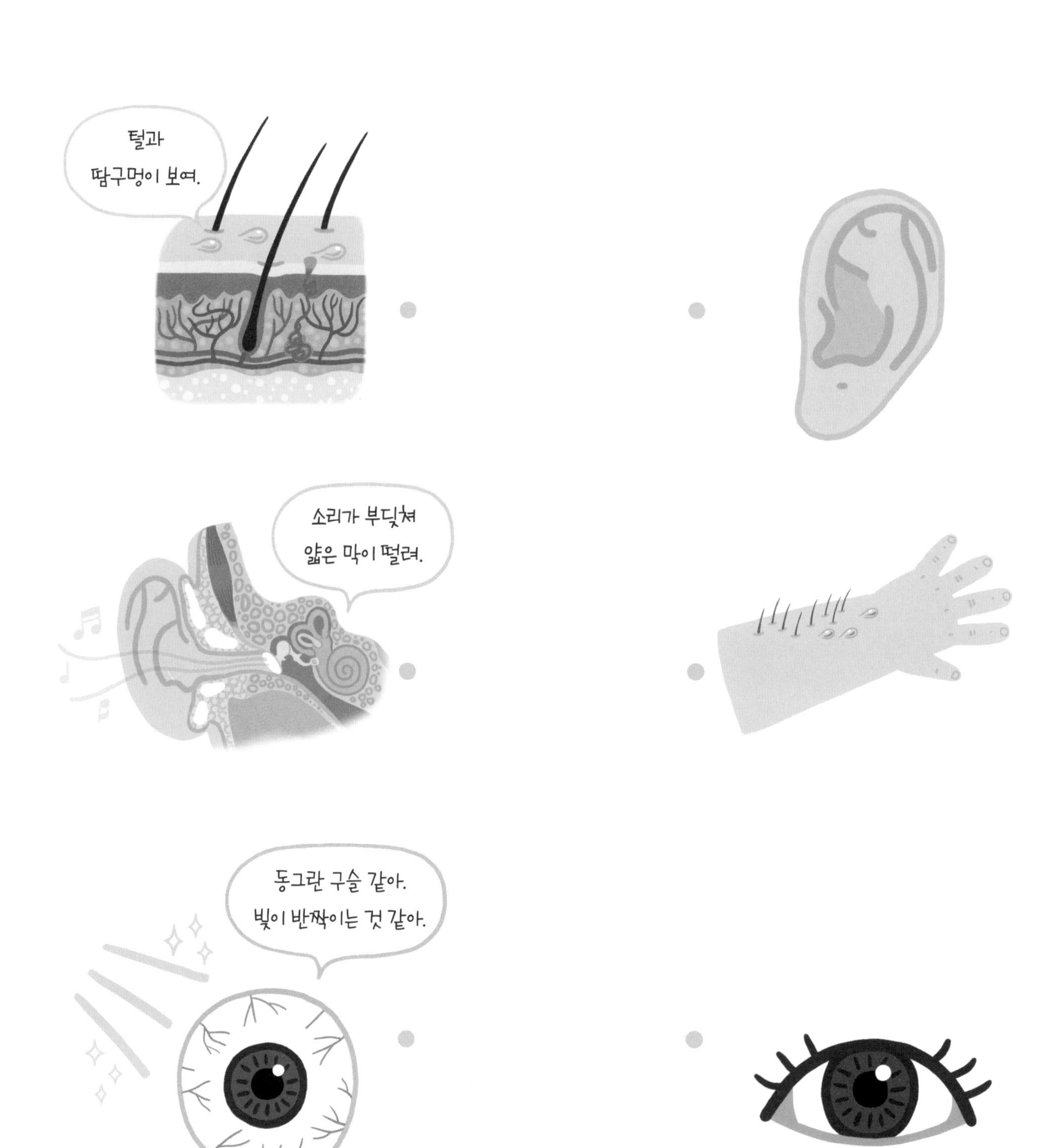

덥거나 추울 때 피부에 난 털은 어떻게 될까요? 알맞은 것과 선으로 이으세요.

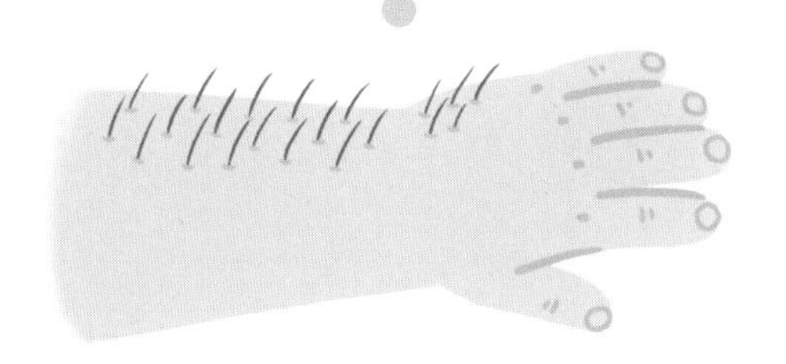

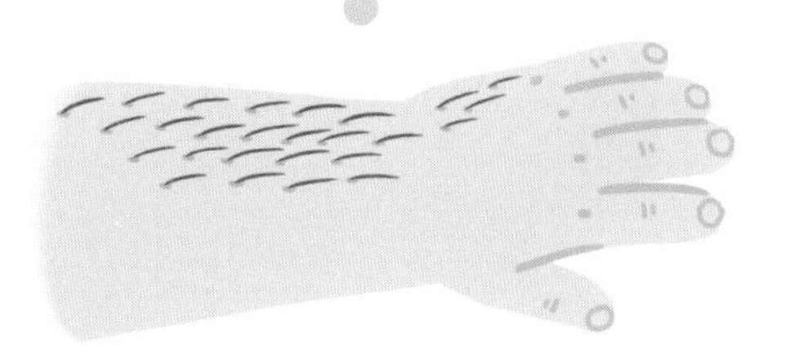

추리 예상

# 눈은 어떤 일을 할까?

눈동자는 주위가 어두워지면 커지고, 밝아지면 작아져요. 눈동자의 크기가 어떻게 달라지는지 살펴보세요.

눈의 한가운데에 보이는 까만 게 눈동자야.

누가 더 어두운 곳을 보고 있을까요? 알맞은 눈에 ◯ 하세요.

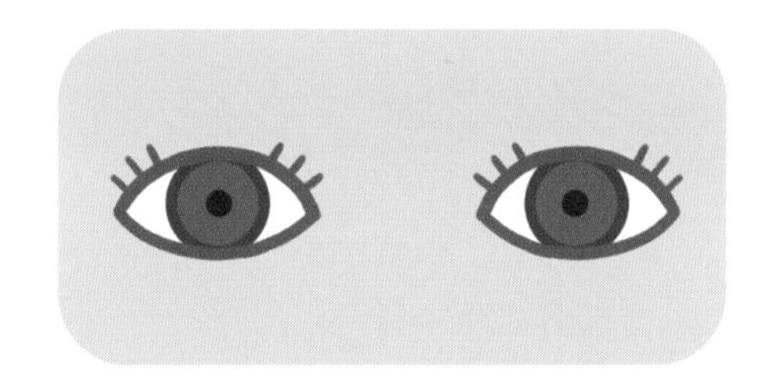

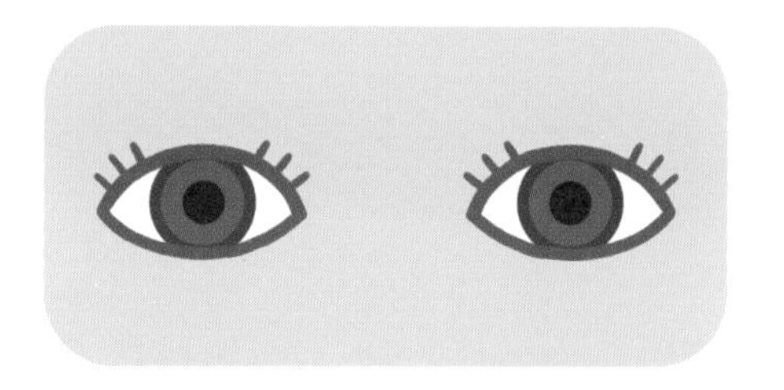

 눈동자는 들어오는 빛의 양을 조절합니다. 어두워지면 빛을 더 많이 받아들이기 위해 눈동자의 크기가 커집니다.

눈물이 몸속에서 어떻게 흐르는지 살펴보세요. 엉엉 울면 왜 눈물, 콧물이 나는지 알맞은 글에 ◯ 하세요.

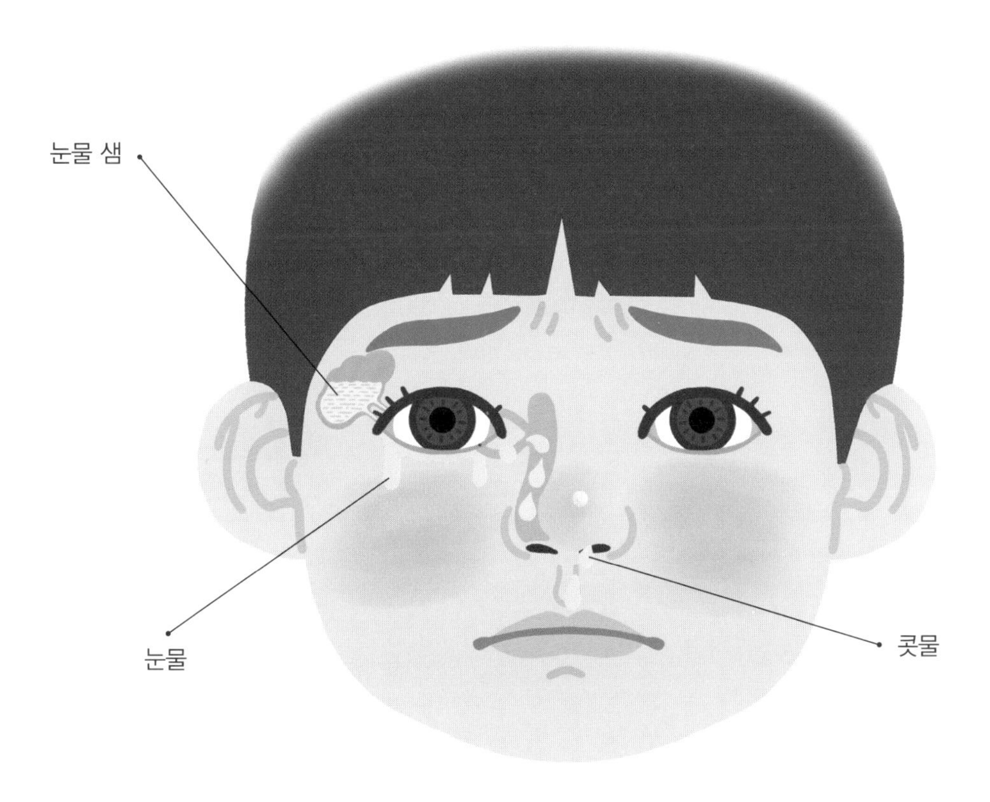


① 눈물이 코로 들어가서

② 울면 코가 아파서

③ 코딱지가 생겨서

# 색을 구별할 수 있니?

☆ 눈은  서로 다른 색을 구별할 수 있어요. 숫자 5에 ◯ 하세요.

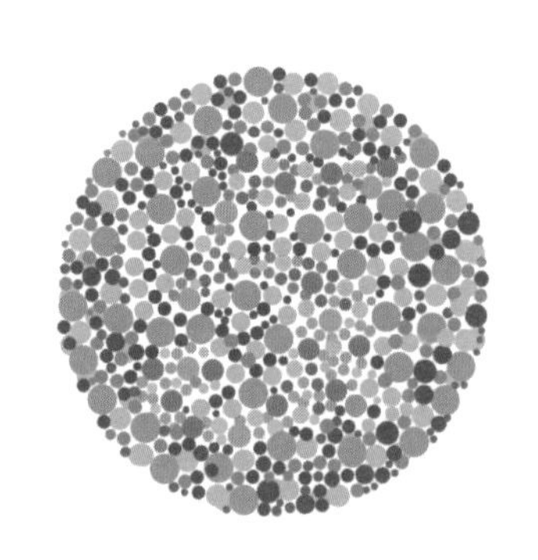

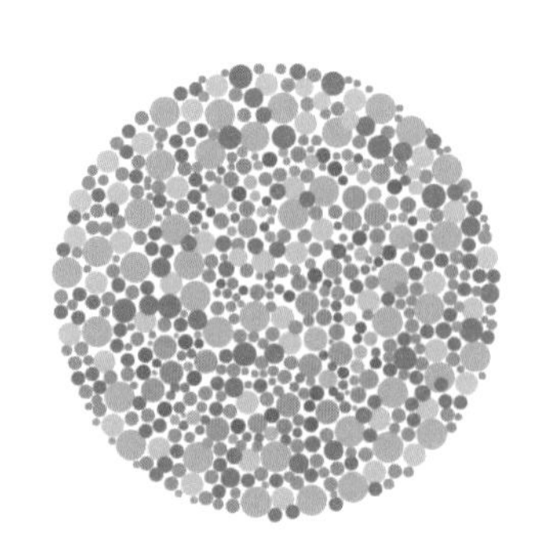

☆ 길이 잘 보이나요? 화가가 가는 길을 따라가세요.

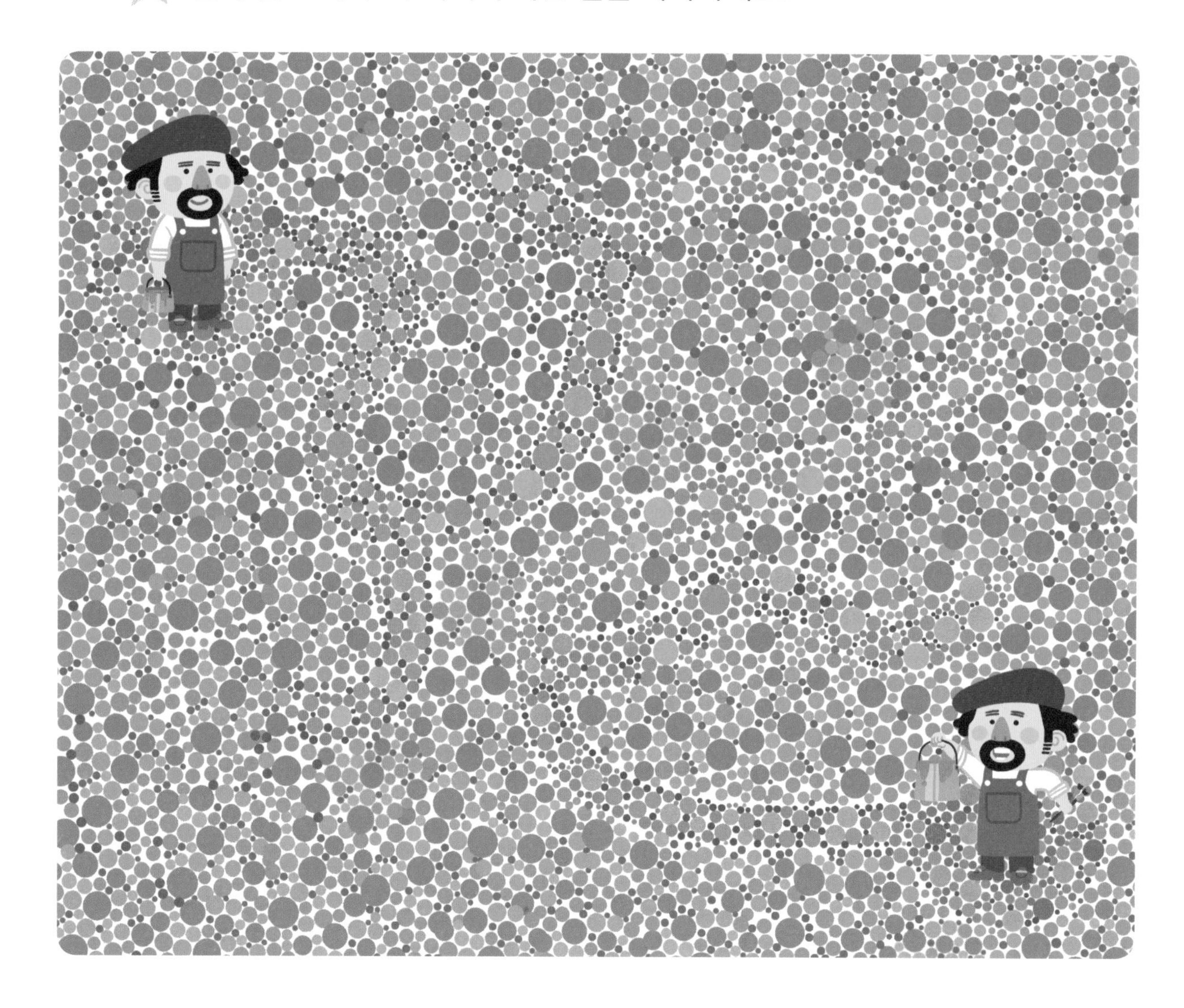

추리
예상

# 어떻게 범인을 찾을까?

범인이 지문을 남겼어요. 손가락 끝에 보이는 지문은 사람마다 달라요.
형사가 찾은 지문과 같은 범인에 ◯ 하세요.

추리 예상

# 몸에서 어떻게 할까?

꽃가루나 먼지가 코나 눈에 들어왔을 때 몸에서 막아 줘요. 어떻게 막는지 선으로 이으세요.

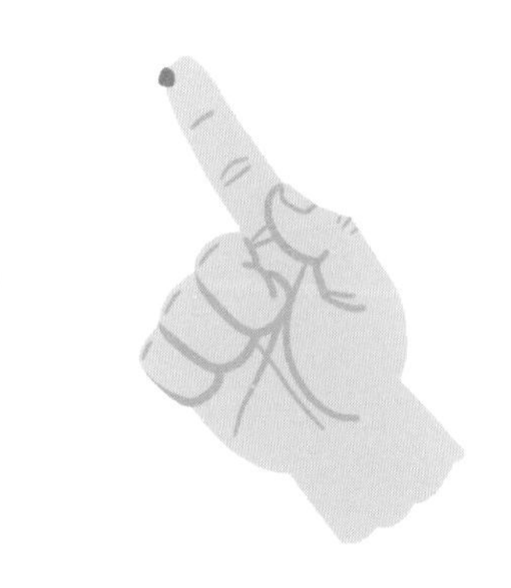

# 이는 어떻게 될까?

사탕을 많이 먹으면 어떤 일이 생길까요? 이야기를 읽고, 알맞은 글에 ◯ 하세요.

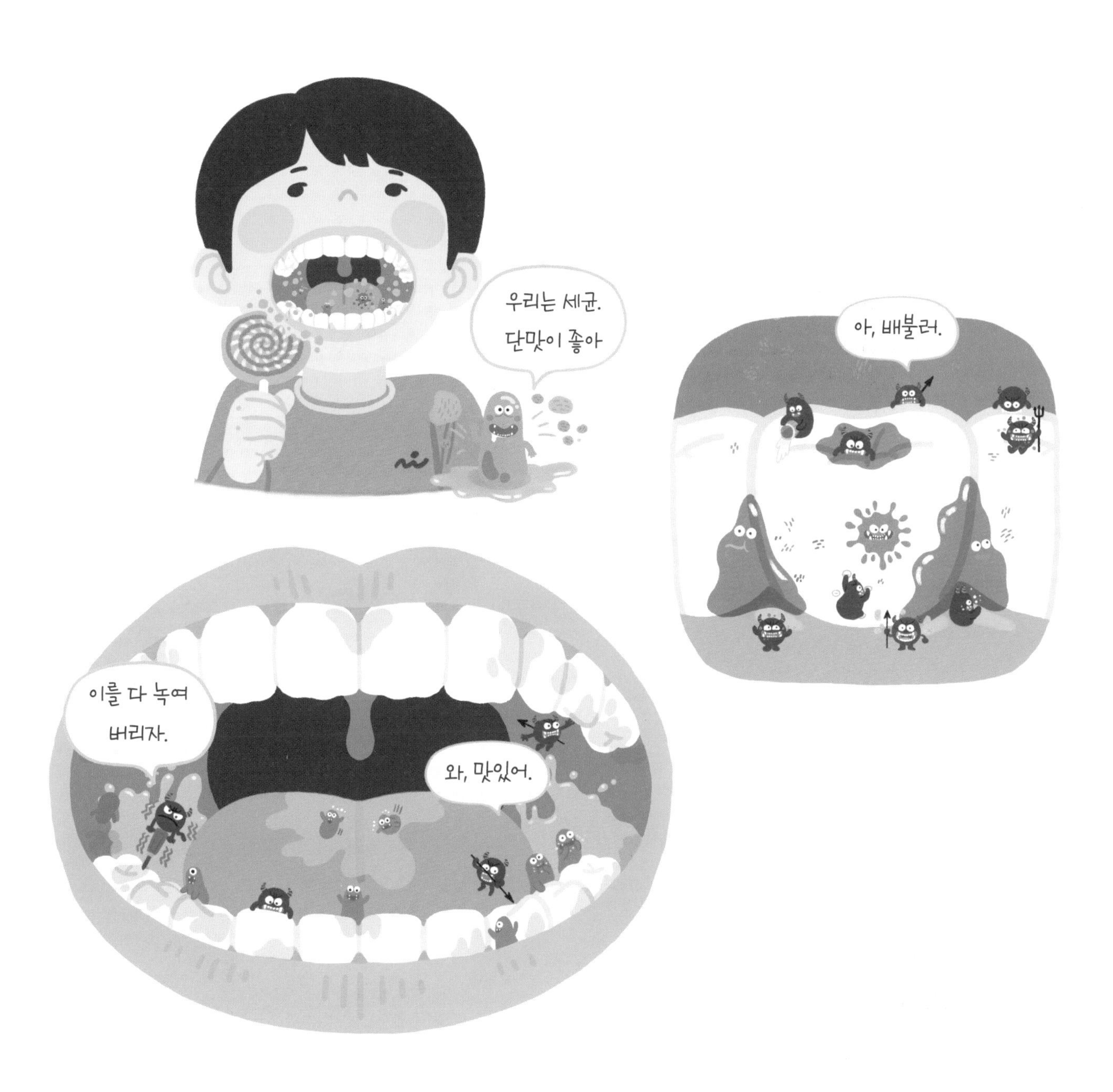


① 이가 썩어요. ② 이가 튼튼해져요.

③ 이가 깨끗해져요. ④ 이가 새로 나요.

추리 예상

# 어떤 뼈일까?

몸속을 찍으면 뼈가 보이는 사진이에요. 어떤 뼈인지 찾아 붙임 딱지를 붙이세요.

 누구의 뼈인지 찾아 선으로 이으세요.

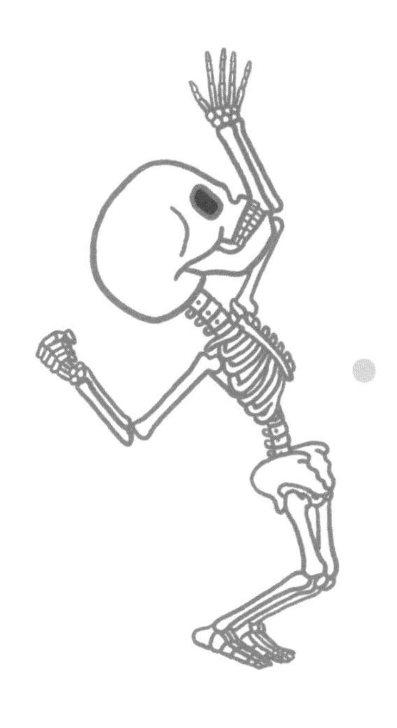

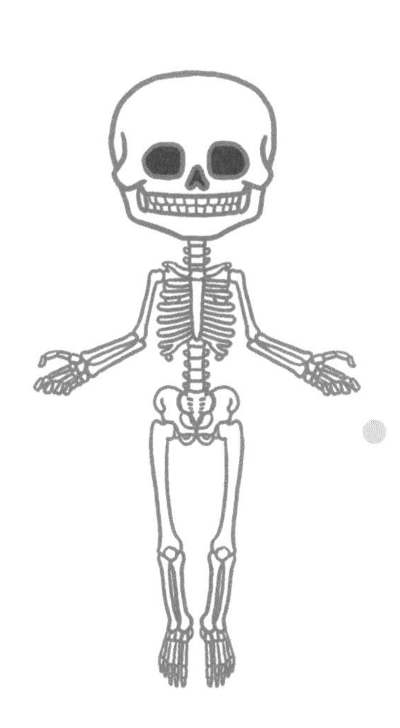

추리 예상

# 어떤 일이 생길까?

뼈가 구부러지지 않는다면 어떤 일이 생길지 생각해 보고, 글로 쓰세요.

①

②

★ 뼈는 몸의 생김새를 잡아 주고, 움직이게 해 줘요. 뼈가 없다면 어떤 일이 생길지 생각해 보고, 글로 쓰세요.

①

---

②

---

● 나를 칭찬합니다. 나는 우리 몸 공부를 매일 잘했습니다.

우리 몸에 대해서 알게 된 점은

---

---

# 과학척척상

이름

위 어린이는 월 일부터 월 일까지

우리 몸 학습을 거르지 않고 매일매일 잘 해냈기에

이 상장을 줍니다.

년 월 일

왕관 붙임 딱지를
붙이세요.

엄마 아빠

# 학부모와 함께보는
# 쉬운 해설집

## 즐깨감 과학탐구 1

동물 • 식물 • 우리 몸

와이즈만 BOOKs

# 동물 해답과 도움말

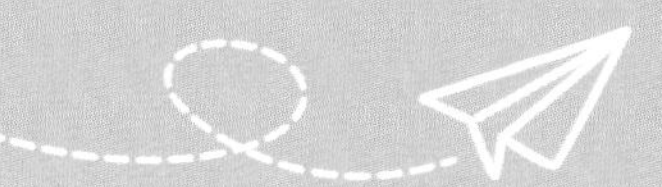

## 이런 내용을 배웠어요.

### 관찰 탐구

- 동물의 생김새와 특징 살펴보기
- 새끼의 생김새가 다른 동물 비교하기
- 초식 동물과 육식 동물, 암컷과 수컷, 곤충의 개념 알기

### 분류 탐구

- 동물의 특징이 같은 무리끼리 모으기
- 함께 모인 동물의 공통점 찾기
- 새끼를 낳는 동물, 알을 낳는 동물로 분류하기

### 추리 · 예상 탐구

- 가려진 일부 모습을 보고 동물 유추하기
- 발톱이나 부리의 생김새로 먹잇감 판단하기
- 실험하기와 이야기 읽기를 통해 동물의 특징 유추하기

16~17쪽

관찰 탐구 숨은 동물을 찾아봐

동물이 숨어 있어요. 동물 다섯을 찾아 ◯ 하세요.

관찰 탐구 동물처럼 움직여 봐

동물은 다리나 날개로 움직여요. 동물이 움직이는 모습을 따라 해 보세요.

16

17

**'동물'이라는 개념어를 알아보는 활동입니다. 동물은 숨을 쉬고, 영양분을 섭취하며 살아가는 생물입니다.**

16쪽 달팽이, 거북, 여우, 나비, 개구리가 모두 '동물'입니다.

17쪽 동물은 다리나 날개로 움직입니다. 두더지, 개구리, 나비의 움직임을 따라 해보면서 그 특징을 이해합니다.

18~19쪽

**어떤 특정 생물이 살아가는 지역을 서식지라고 합니다. 땅 위, 땅속, 강, 바다 등 다양합니다.**

18쪽 땅 위나 땅속에 사는 동물 대부분은 다리로 움직입니다. 달팽이나 다리가 없는 뱀은 기어다닙니다. 땅속에 사는 두더지는 땅을 파기 쉬운 발을 가지고 있습니다.

19쪽 하늘을 나는 동물은 날개가 있습니다. 새나 곤충이 대표적입니다. 새는 다리가 2개, 곤충은 다리가 6개 있습니다. 박쥐는 새처럼 날아다니지만 포유류입니다. 피부가 늘어나 고무막처럼 얇은 막을 형성하여 날개를 이룹니다.

20~21쪽

20쪽 물이나 물가에는 물고기나 곤충, 새가 살아갑니다. 곤충인 물방개는 다리를 동시에 좌우로 움직여 헤엄치고, 개구리는 물갈퀴로 헤엄칩니다. 왜가리는 긴 부리로 물에서 먹이를 잡아먹습니다.

21쪽 발가락 사이를 연결하고 있는 얇은 막을 물갈퀴라고 합니다. 헤엄쳐 다니거나 잠수하는 데 도움이 됩니다. 오리, 펭귄, 갈매기, 기러기의 발에는 물갈퀴가 있습니다. 까치나 독수리, 왜가리의 발에는 물갈퀴가 없습니다.

## 22~23쪽

22쪽 물고기는 다리 대신 지느러미로 헤엄을 칩니다. 보고 그리기 활동은 관찰력을 기르는 데 도움이 됩니다. 헤엄치기 좋은 유선형의 생김새나 털 대신 비늘 조각이 있는 생김새를 살펴보게 합니다.

23쪽 바닷물이 들어오면 물에 잠기고, 바닷물이 나가면 물 밖으로 드러나는 땅이 갯벌입니다. 제시한 동물 찾기 활동은 생김새에 집중할 수 있습니다.

## 24~25쪽

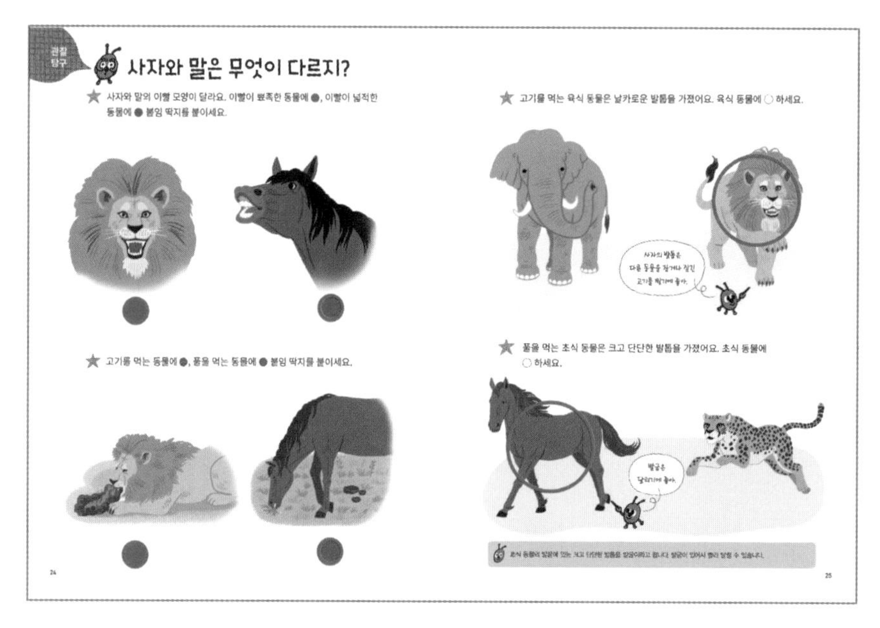


**비교하기는 관찰 탐구 활동입니다. 육식 동물과 초식 동물의 차이점을 비교합니다.**

24쪽 사자와 말의 이빨 모양을 관찰하고, 먹잇감에 따라 적합한 모양을 비교해 봅니다.

25쪽 코끼리, 사자와 말과 치타의 발 모양을 관찰하고, 그 차이점을 비교해 봅니다. 코끼리나 말은 발굽이 있습니다. 발굽은 발가락 끝에 있는 발톱의 한 종류입니다. 특히 말의 발굽은 빨리 달릴 수 있어 천적으로부터 몸을 보호하는 데 적합합니다.

## 26~27쪽

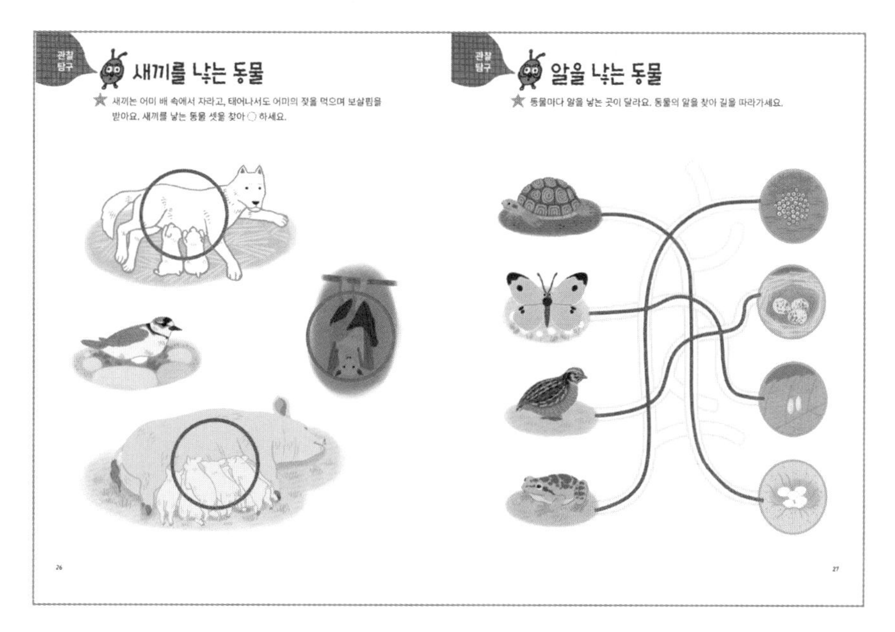


**동물은 새끼를 낳아 자손을 퍼뜨립니다. 새끼의 생김새, 새끼를 어디에 낳는지 비교해 봅니다.**

26쪽 어미 동물이 새끼를 낳아 젖을 먹여 키우는 동물이 포유류입니다. 박쥐는 새처럼 날아다니는 포유류로, 새끼를 낳아 젖을 먹여 키웁니다.

27쪽 포유류가 아닌 조류, 파충류, 양서류, 어류, 곤충류는 알을 낳아 키웁니다. 동물에 따라 알을 낳는 곳이나, 알의 크기와 모양, 개수는 모두 다릅니다. 바다거북은 땅 위로 올라와 모래를 파고 그곳에 알을 낳습니다. 알이 아가미가 없어 물속에서 산소를 얻을 수 없기 때문입니다.

## 28~29쪽

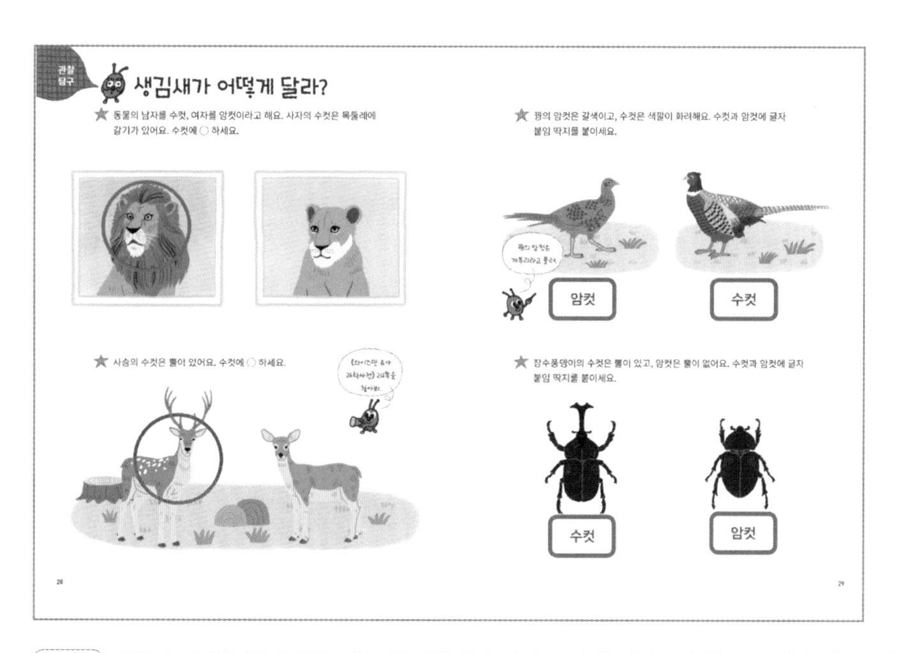


28쪽 겉모습이 뚜렷하게 구분되는 사자와 사슴의 수컷과 암컷의 모습을 비교해 봅니다. 겉으로 봐서 구별이 힘든 물고기나 곤충, 새는 몸속을 살펴보아야 알 수 있습니다.

29쪽 암수가 구별되는 동물은 대부분 수컷이 암컷보다 화려합니다. 짝짓기를 위해 수컷은 암컷 앞에서 화려한 모습을 뽐내거나, 매미나 개구리처럼 시끄럽게 울기도 합니다.

30~31쪽

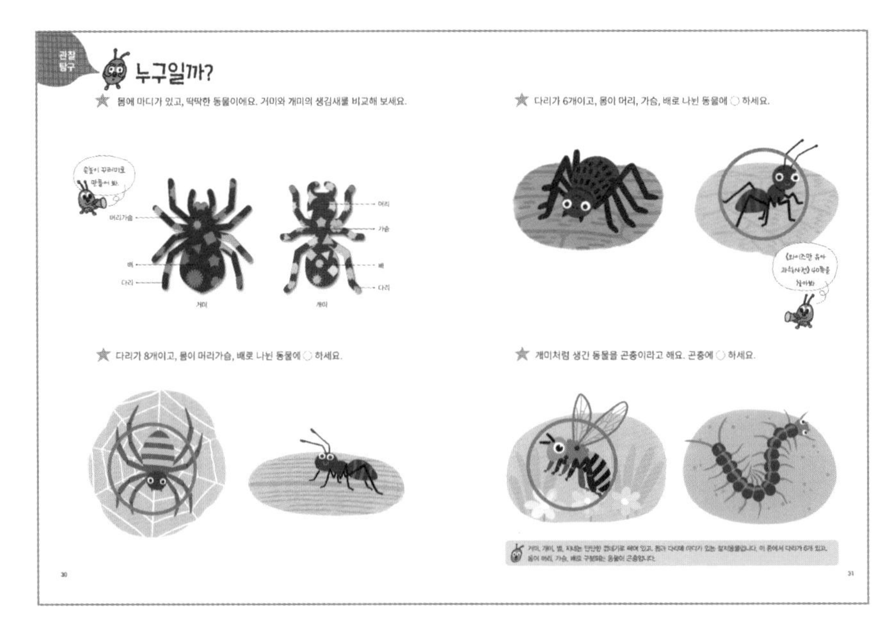


**거미와 개미는 등뼈가 없는 무척추동물입니다. 딱딱한 껍데기로 싸여 있고, 몸과 다리에 마디가 있어 절지동물에 속합니다. 절지동물은 곤충류와 거미류, 갑각류, 다지류로 구별됩니다.**

30쪽 손놀이 꾸러미에 있는 거미와 개미를 만들어 비교해 봅니다. 거미와 개미는 비슷한 특징을 가지고 있지만, 다리의 개수나 몸의 생김새가 다릅니다.

31쪽 곤충은 다리가 6개 있고, 머리, 가슴, 배로 구분됩니다. 벌도 개미와 같은 곤충입니다. 지네는 다리 수가 많아 다지류에 속하는 절지동물입니다.

32~33쪽

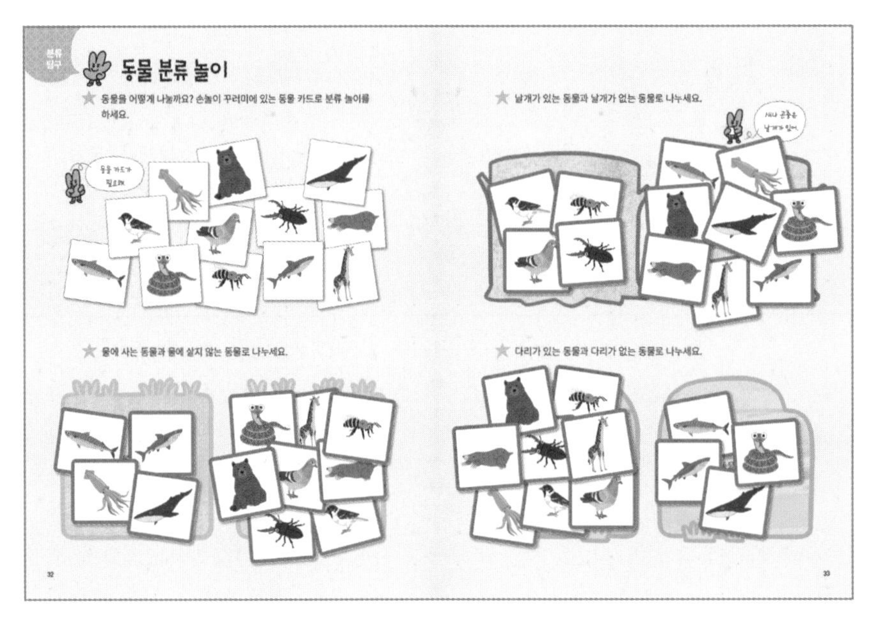


**비슷한 특성을 가진 동물끼리 모아 봅니다. 공통점이 있는 것끼리 모으는 활동이 분류 탐구입니다.**

32쪽 분류 카드로 동물을 사는 곳에 따라 분류해 봅니다.

33쪽 날개나 다리가 있느냐, 없느냐를 기준으로 동물을 분류합니다. 분류 조건에 따라 동물의 무리가 달라집니다. 주어진 조건 이외에도 여러 가지 기준으로 분류해 볼 수 있습니다.

## 34~35쪽

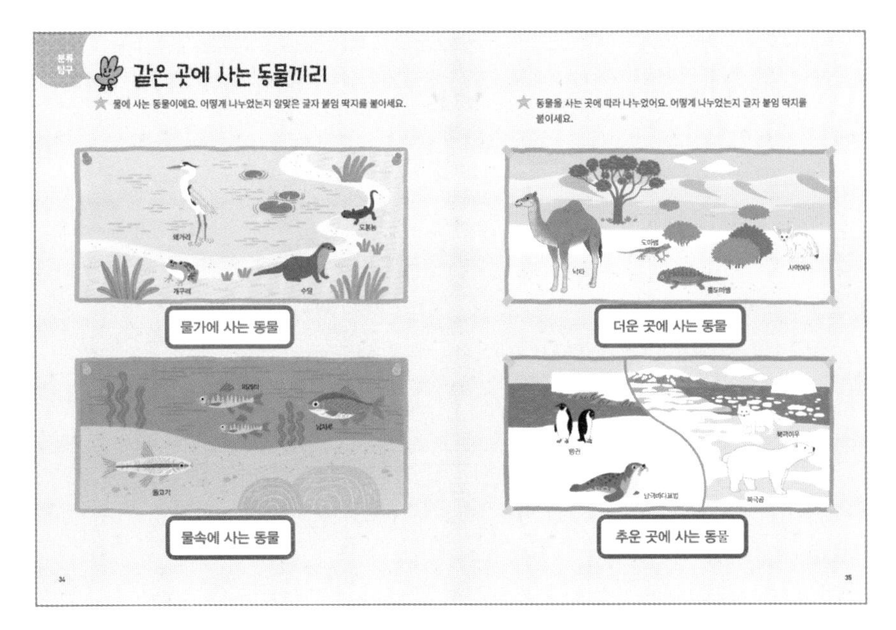


34쪽 물속에 사는 동물은 아가미로 숨쉬고, 지느러미로 헤엄치는 어류입니다. 물가에 사는 개구리, 도롱뇽 같은 양서류는 물에 알을 낳고, 왜가리 같은 물새는 긴 부리를 이용하여 물에서 먹이를 찾습니다.

35쪽 낙타, 도마뱀, 뿔도마뱀, 사막여우는 더운 곳에서 살아가는 공통점이 있습니다. 펭귄, 남극바다표범, 북극여우, 북극곰은 추운 곳에 사는 공통점이 있습니다.

## 36~37쪽

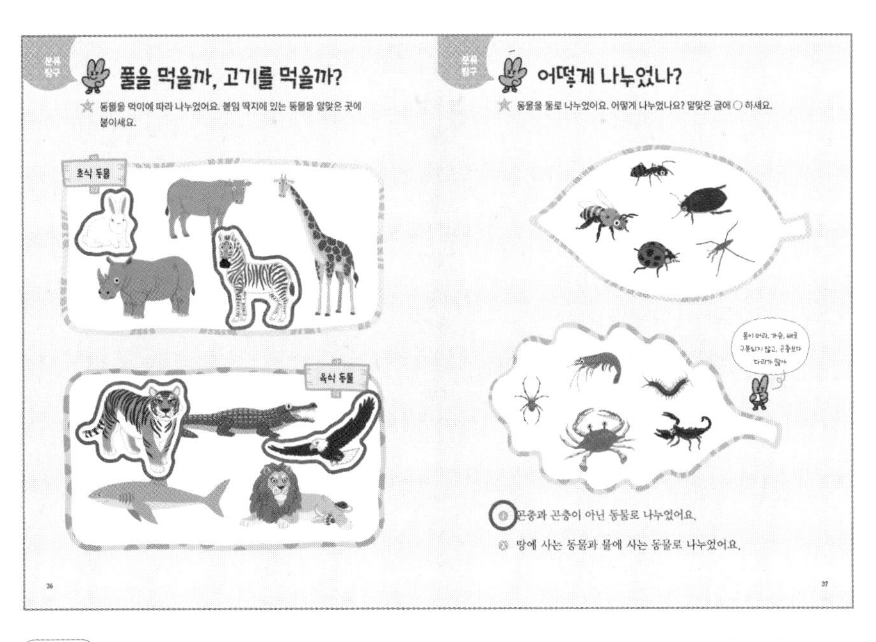


36쪽 토끼, 소, 기린, 얼룩말, 코뿔소, 호랑이, 악어, 독수리, 사자, 상어를 먹이를 기준으로 분류했습니다.

37쪽 함께 모여 있는 동물의 공통점을 찾아봅니다. 다리가 6개 있고, 몸이 마디로 이루어진 특징을 가진 동물은 곤충입니다. 거미, 새우, 지네, 전갈, 게는 곤충이 아닙니다. 절지동물을 곤충인 것과 곤충이 아닌 동물로 분류했습니다.

38~38쪽

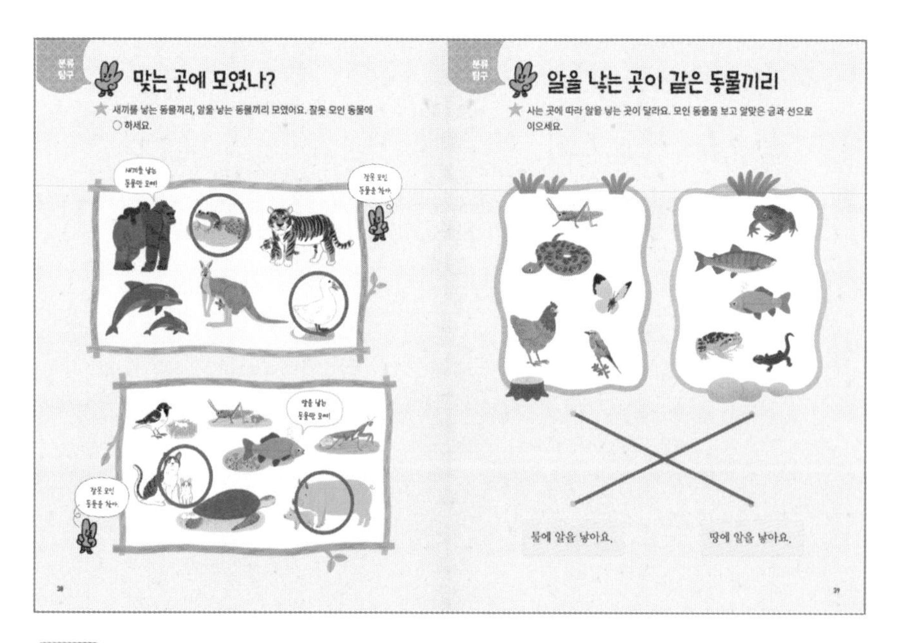


38쪽 침팬지, 고양이, 호랑이, 돌고래, 캥거루, 돼지의 공통점은 새끼를 낳는 것입니다. 새, 메뚜기, 물고기, 사마귀, 오리, 거북, 개구리의 공통점은 알을 낳는 것입니다.

39쪽 메뚜기, 뱀, 나비, 닭, 새, 두꺼비, 고등어, 붕어, 개구리, 도롱뇽의 공통점은 알을 낳는 것입니다. 물속이나 물가에 사는 동물은 물에 알을 낳습니다.

40~41쪽

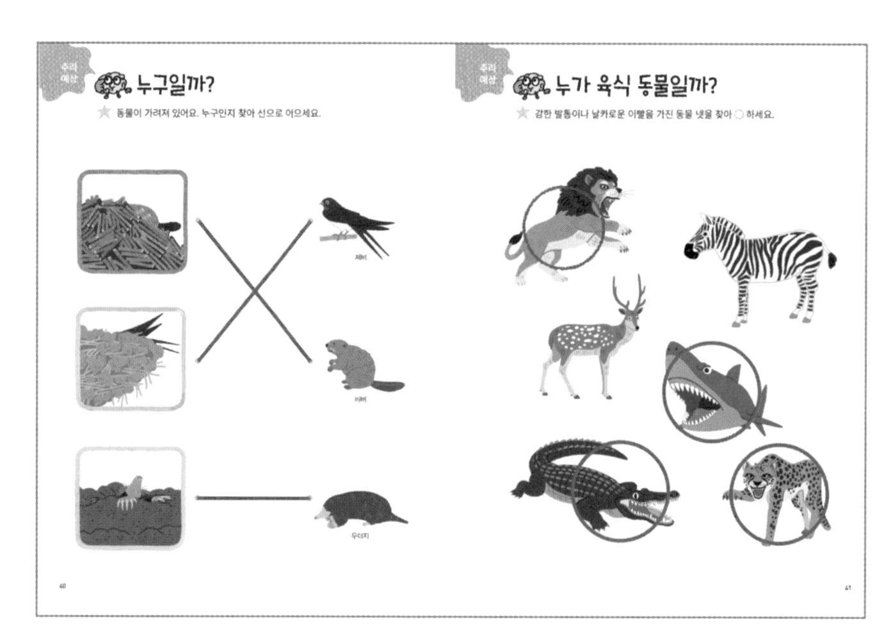


**어떤 사실에 대해 직접 알지 못해도 알고 있는 사실을 통해 미루어 짐작하는 것이 추리 탐구입니다.**

40쪽 비버, 제비, 두더지의 모습 일부를 보고 어떤 동물인지 유추해 봅니다.

41쪽 육식 동물을 찾기 위한 단서로 날카로운 발톱이나 이빨 모양을 비교해 봅니다. 대부분의 육식 동물은 다른 동물을 사냥하거나 질긴 고기를 뜯어먹기에 편리한 이빨과 발톱을 가졌습니다.

42~43쪽

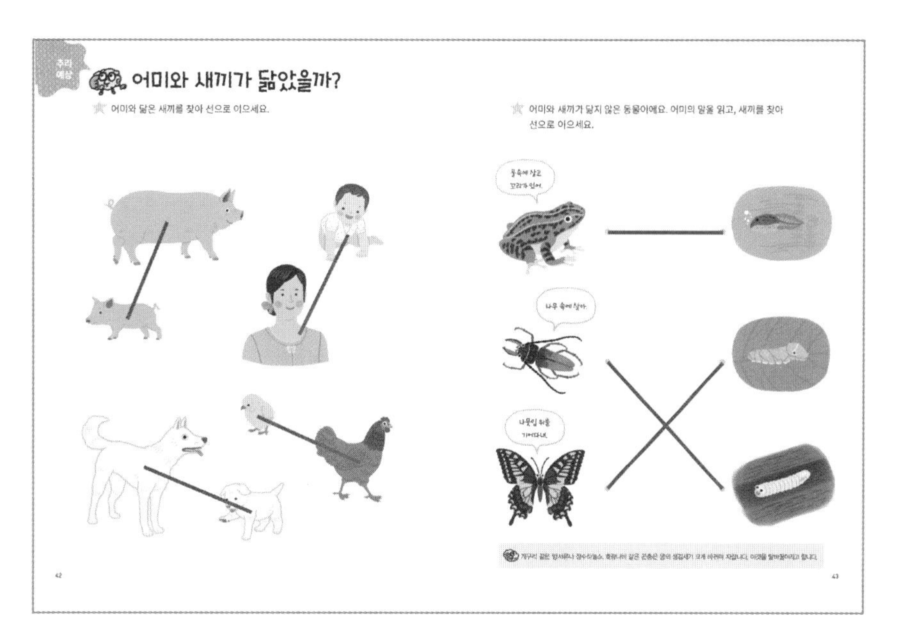


42쪽 새끼가 어미의 모습을 닮은 동물은 어미를 보고 새끼를 유추할 수 있습니다. 사람뿐만 아니라 개, 돼지 같은 포유류와 닭 같은 조류의 새끼는 어미와 모습이 닮았습니다.

43쪽 개구리, 장수하늘소, 호랑나비는 모습이 바뀌어 자랍니다. 장수하늘소, 호랑나비는 알, 애벌레, 번데기를 거쳐 자랍니다. 어른 동물이 하는 말을 근거로 유추해 봅니다.

44~45쪽

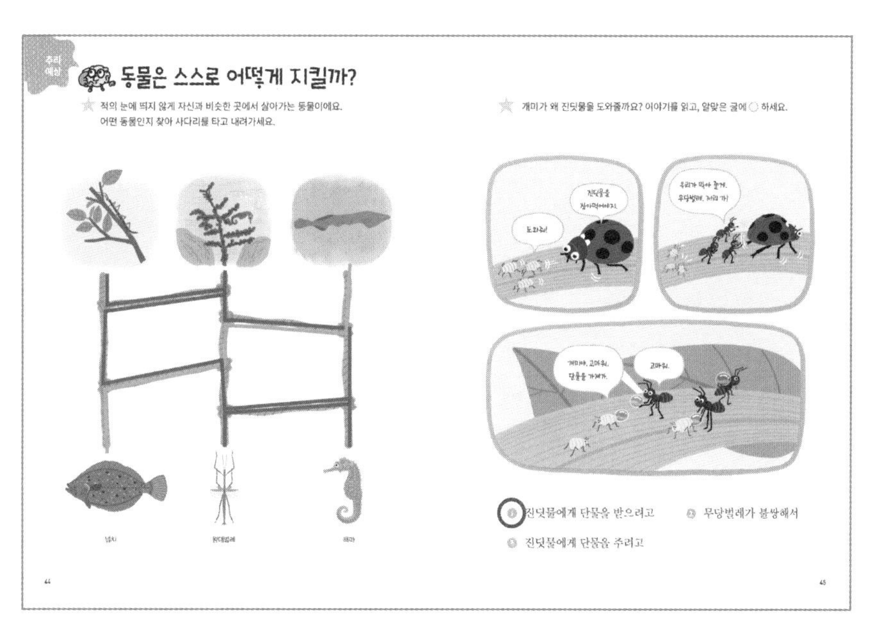


**포식 동물에 비해 상대적으로 힘이 약한 동물은 다양한 방어 행동으로 자신의 몸을 보호합니다. 주변과 같아 보이게 하거나 화려한 경계색으로 위장하기도 합니다.**

44쪽 왕대벌레, 해마는 생김새나 색깔이 나뭇가지 같아 적이 발견하기 힘듭니다. 넙치는 주변과 비슷한 갈색의 몸 색깔로 자신을 보호합니다.

45쪽 개미와 진딧물은 서로 도움을 주고받는 공생 관계에 있는 동물입니다. 진딧물의 천적은 무당벌레입니다. 개미는 진딧물을 잡아먹는 무당벌레를 쫓아내고, 진딧물로부터 단물을 얻습니다.

46~47쪽

**부리는 새의 주둥이입니다. 입과 손의 역할을 동시에 합니다. 간단한 실험으로 부리의 특징을 이해합니다.**

46쪽 물고기를 짧은 젓가락으로 집으려면 손이 물에 젖습니다. 긴 젓가락으로 집는 것이 더 편리합니다. 실험으로 알아낸 사실을 근거로 부리 모양을 유추해 봅니다. 오리는 넓은 부리로 먹이는 걸러 내고 물은 밖으로 내보냅니다.

47쪽 긴 부리는 땅속에 박고도 끝만 벌려 먹잇감을 끄집어낼 수 있습니다. 두툼한 부리는 씨앗을 위쪽에 고정시켜 날카로운 아래쪽 부리로 껍질을 깝니다. 갈고리 부리는 질긴 먹잇감을 찢어 먹거나 물어뜯을 수 있습니다.

48~49쪽

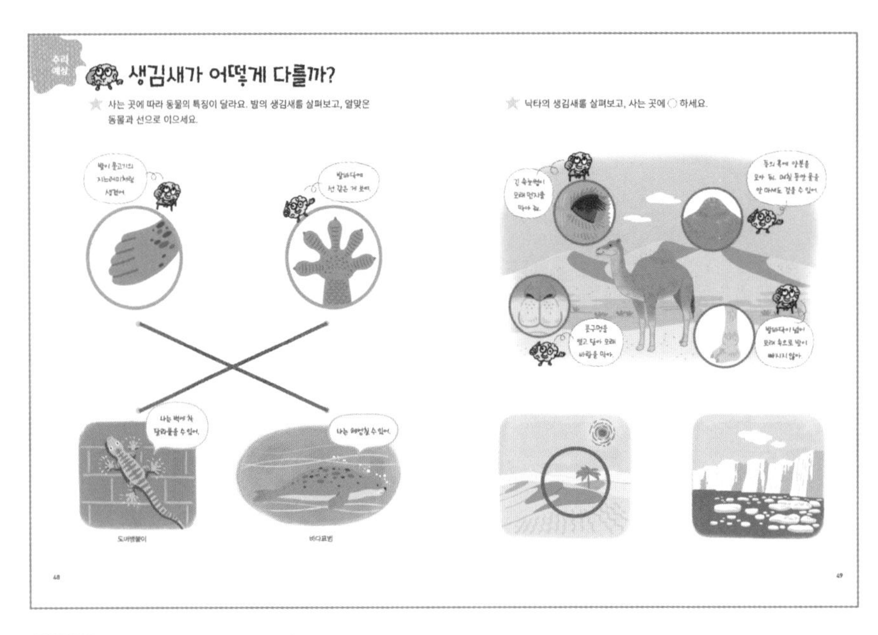


48쪽 발 모양을 보고 어느 동물인지 유추해 봅니다. 바다표범은 좌우의 발바닥을 서로 합쳐서 마치 물고기의 꼬리지느러미처럼 움직입니다. 도마뱀붙이의 발에는 여러 겹의 흡반이 있어 벽이나 유리창을 기어다닐 수 있습니다.

49쪽 낙타의 눈이나 코는 모래 바람이나 모래 먼지를 막을 수 있게 생겼습니다. 이런 낙타의 특징을 통해 사는 곳이 사막임을 유추해 봅니다. 추리 탐구는 막연히 찍는 것이 아니라 사실을 근거로 새로운 사실을 알아내는 활동입니다.

## 50~51쪽

추리 예상

### 왜 물고기는 입을 뻐끔거릴까?

우리가 물속에서 숨을 쉬려면 숨대롱이 필요해요. 물고기는 물속에서 계속 입을 뻐끔거려요. 왜 그럴까요? 알맞은 글에 ◯ 하세요.

① 입을 뻐끔거리며 장난치는 거예요.

② 물에 녹아 있는 산소를 들이마시는 거예요.

50

추리 예상

### 내가 만든다면 무엇을 만들까?

오리나 개구리 발 모양처럼 만들면 무엇이 좋을지 생각해 보고, 글로 쓰세요.



① 〈예시〉 빠르게 수영할 수 있어요.

②

51

50쪽 물고기는 아가미로 호흡을 합니다. 아가미 뚜껑을 열었다 닫았다 하는 동안 물은 쉬지 않고 입으로 들어와서 아가미 사이로 흘러가 산소를 받아들입니다. 사람은 물속에서 호흡할 수 없어 숨대롱을 통해 숨을 쉽니다.

51쪽 오리나 개구리 발의 물갈퀴는 헤엄치거나 잠수하는 데 도움이 됩니다. 물갈퀴 모양의 오리발은 사람의 작은 발보다 커서 수영할 때 발에 끼우면 앞으로 나아가는 힘을 얻게 됩니다.

# 식물 해답과 도움말

## 이런 내용을 배웠어요.

### 관찰 탐구

- 잎의 생김새 비교하기
- 돋보기로 잎맥 들여다보기
- 여러 식물의 줄기나 뿌리의 생김새 비교하기

### 분류 탐구

- 사는 곳이나 모양을 기준으로 식물 나누기
- 줄기가 자라는 모습에 따라 비슷한 식물끼리 모으기
- 과일과 채소를 여러 기준으로 나누어 모으기

### 추리 · 예상 탐구

- 잎이나 자른 열매를 보고 식물 찾기
- 식물의 생김새나 특징을 보고 이름 유추하기
- 당근 실험을 통해 사실 판단하기

54~55쪽

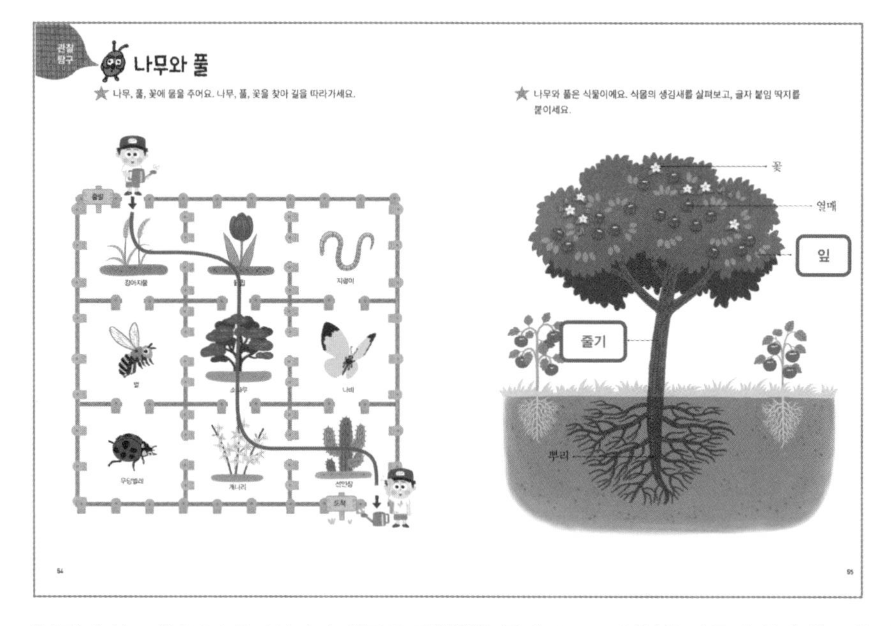


**'식물'이라는 개념어를 알아봅니다. 식물은 광합성을 통해 스스로 양분을 만들며 살아가는 생물입니다.**

54쪽 나무나 풀, 꽃이 식물입니다. 식물은 자유롭게 옮겨 다니지 못합니다. 지렁이나 벌, 나비, 무당벌레는 스스로 움직일 수 있는 동물입니다.

55쪽 나무와 풀은 식물입니다. 식물은 뿌리, 줄기, 잎, 꽃과 열매로 이루어져 있습니다.

## 56~57쪽

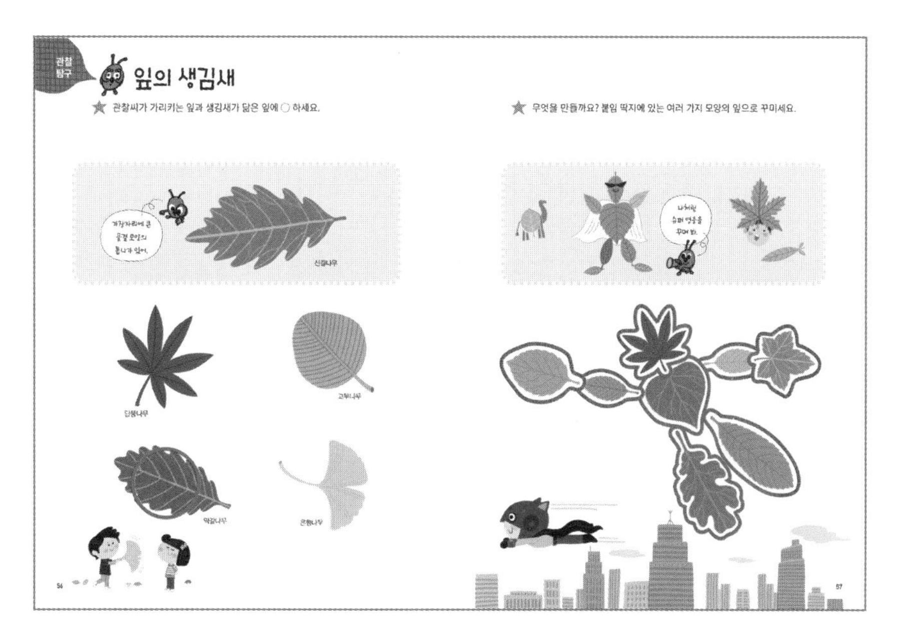

**식물마다 잎 모양이 다릅니다. 여러 가지 잎 모양을 관찰하며 어떤 식물의 잎인지 알아봅니다.**

56쪽 가리키는 잎과 비슷한 모양 찾기입니다. 신갈나무나 떡갈나무 모두 참나무과의 나무입니다. 긴 타원형이며, 가장자리에 물결 모양 톱니가 있는 것이 닮았습니다. 생김새를 말로 표현해 보면 관찰에 도움이 됩니다.

57쪽 잎이 생긴 모양의 특징을 살려 자유롭게 꾸미기를 합니다.

## 58~59쪽

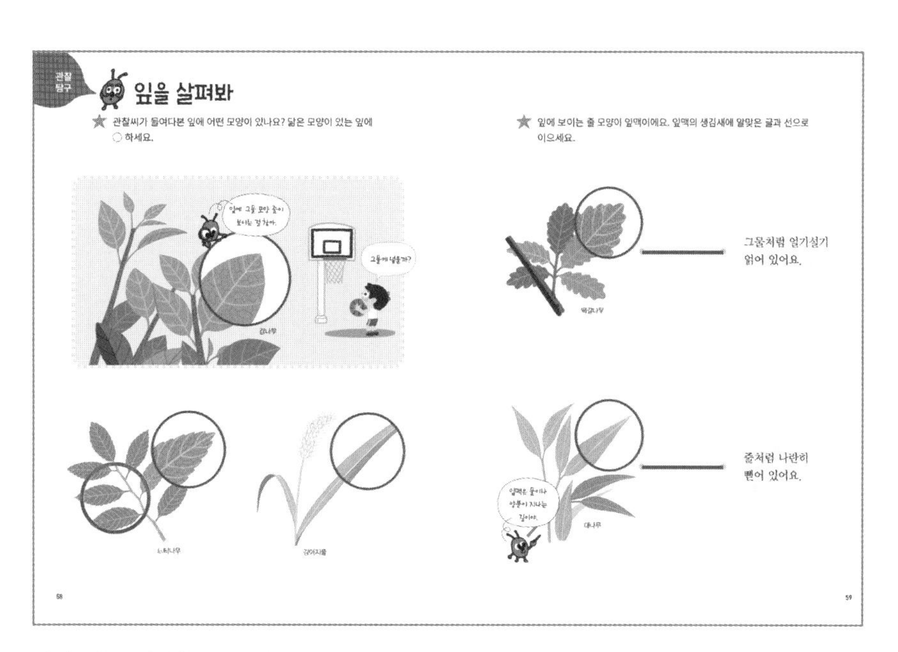

**잎에 있는 잎맥은 물과 양분이 이동하는 통로입니다. 돋보기를 이용해 서로 다른 잎맥의 모양을 비교해 봅니다. 비교하기는 관찰 탐구 활동입니다.**

58쪽 감나무와 느티나무 잎은 잎맥이 그물처럼 뻗어 있어 그물맥이라고 합니다. 강아지풀 잎은 잎맥이 나란한 모양을 이루어 나란히맥이라고 합니다.

59쪽 참나무와 대나무 잎의 잎맥을 관찰하고, 관찰한 대로 언어로 묘사해 봅니다. 시각적인 특징을 말로 표현하는 것은 과학적인 의사소통 능력을 키워 줍니다.

60~61쪽

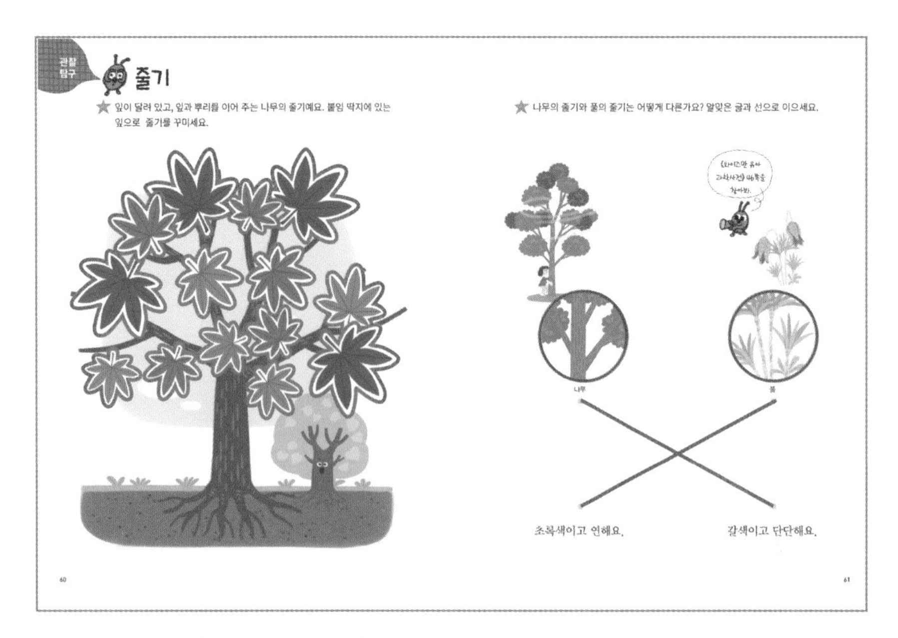


**줄기는 뿌리와 잎을 연결하고, 식물을 지탱하고 보호해 줍니다. 나무 줄기와 풀 줄기의 공통점과 차이점을 관찰합니다.**

60쪽 나무의 줄기는 땅 위에 나와 있으며, 잎이 달리는 가지가 있습니다.

61쪽 풀의 줄기는 나무의 줄기보다 작고, 연합니다. 나무의 줄기는 풀의 줄기보다 크고, 단단합니다.

62~63쪽

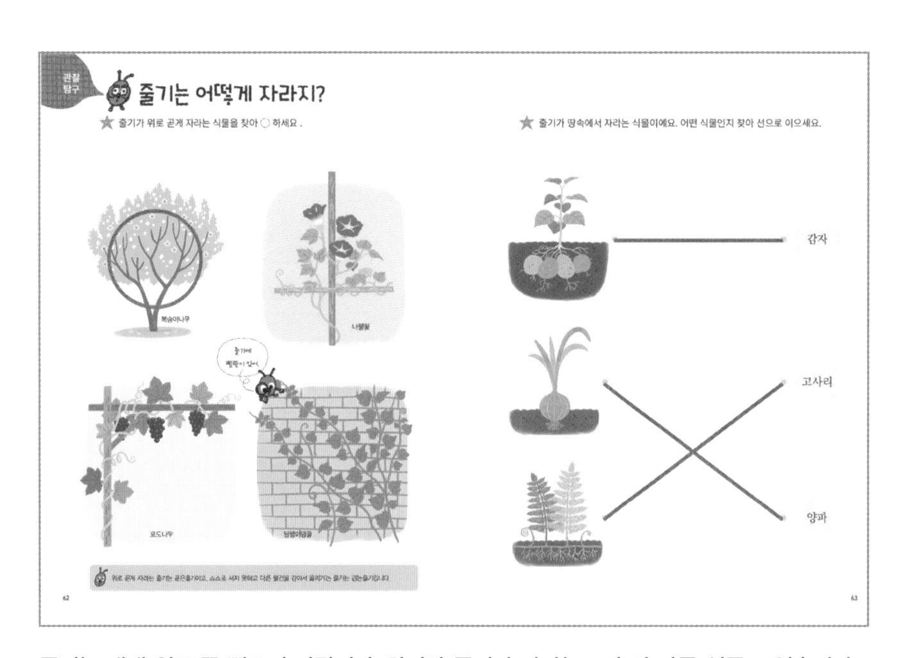


**줄기는 대개 위로 쭉 뻗으며 자랍니다. 하지만 줄기가 자라는 모습이 다른 식물도 있습니다.**

62쪽 포도 덩굴손은 줄기처럼 곧게 뻗어나가다 지지대를 찾으면 용수철 모양으로 감고 올라갑니다. 담쟁이덩굴은 줄기에서 빨판이 나와 돌담이나 바위에 단단하게 붙어서 자랍니다. 나팔꽃의 감는줄기는 스스로 높이 자라지 못하고 다른 나무를 감고 위로 올라갑니다.

63쪽 감자는 줄기가 부풀어져 덩어리 모양이 되어 땅속에 있는 덩이줄기입니다. 양파는 줄기가 비늘 모양입니다. 고사리의 뿌리줄기는 곳곳에서 잎을 뻗는데, 땅속으로 1m 정도 자랍니다.

64~65쪽

**곧은뿌리와 수염뿌리를 관찰하고, 뿌리의 역할을 알아봅니다.**

64쪽 당근이나 무 뿌리는 가운데에 굵은 뿌리가 곧게 뻗어 있고, 옆에 작고 가는 뿌리가 여러 개 있는 곧은뿌리 모양입니다. 파는 특별히 굵고 가는 것 없이 뿌리가 여러 가닥으로 나 있는 수염뿌리입니다.

65쪽 뿌리가 있는 양파의 물과 뿌리가 없는 양파의 물 변화를 관찰해 보는 실험입니다. 식물에게 필요한 물을 뿌리가 빨아들여 컵 안의 물 양이 줄어듭니다.

66~67쪽

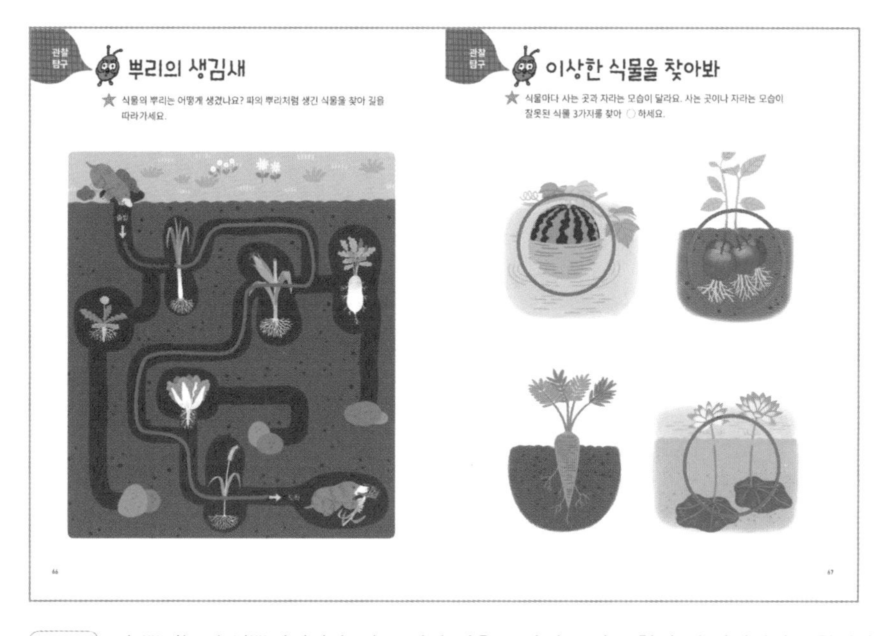


66쪽 파 뿌리는 수염뿌리입니다. 파 뿌리와 같은 모양의 뿌리를 찾아 길 따라가기를 합니다. 옥수수, 강아지풀의 뿌리는 수염뿌리입니다. 민들레, 배추, 무는 곧은뿌리입니다.

67쪽 수박은 밭에서 자라는 식물입니다. 물에서 자라는 것이 잘못되었습니다. 사과는 나무에서 자랍니다. 우리가 주로 먹는 사과는 열매 부분입니다. 줄기와 뿌리 모두 잘못되었습니다. 연잎은 물 위에서 자랍니다. 물속에서 자라는 것은 잘못되었습니다. 당근은 잘못된 것이 없습니다.

## 68~69쪽

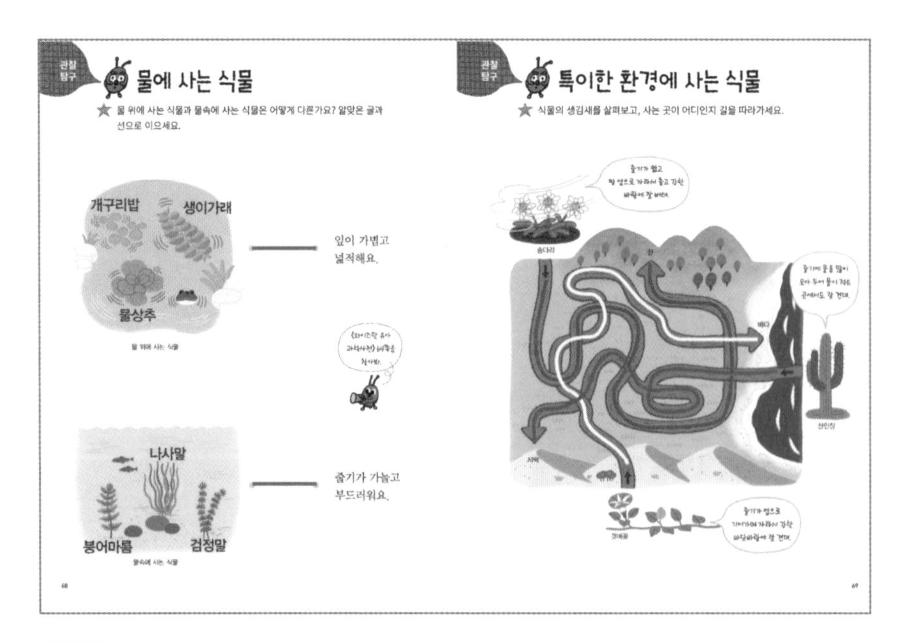


68쪽 개구리밥은 잎에 공기 주머니가 있고, 생이가래와 물상추는 잎이 가볍고 넓적해서 물에 뜨기 쉽습니다. 붕어마름, 나사말, 검정말은 줄기가 가늘고 부드러워서 물의 흐름에 따라 잘 움직입니다. 잎이 좁고 길어서 물에 잠겨서 살기 좋습니다.

69쪽 솜다리는 높은 산 바위 틈에서 자랍니다. 짧은 줄기는 산에 부는 춥고 강한 바람에 버틸 수 있습니다. 갯메꽃은 바닷가의 모래밭에서 자랍니다. 굵은 땅속줄기가 길게 뻗으며 자라거나, 다른 물체를 감고 올라가며 자랍니다. 선인장은 덥고 건조한 곳에서 자라는 식물입니다.

## 70~71쪽

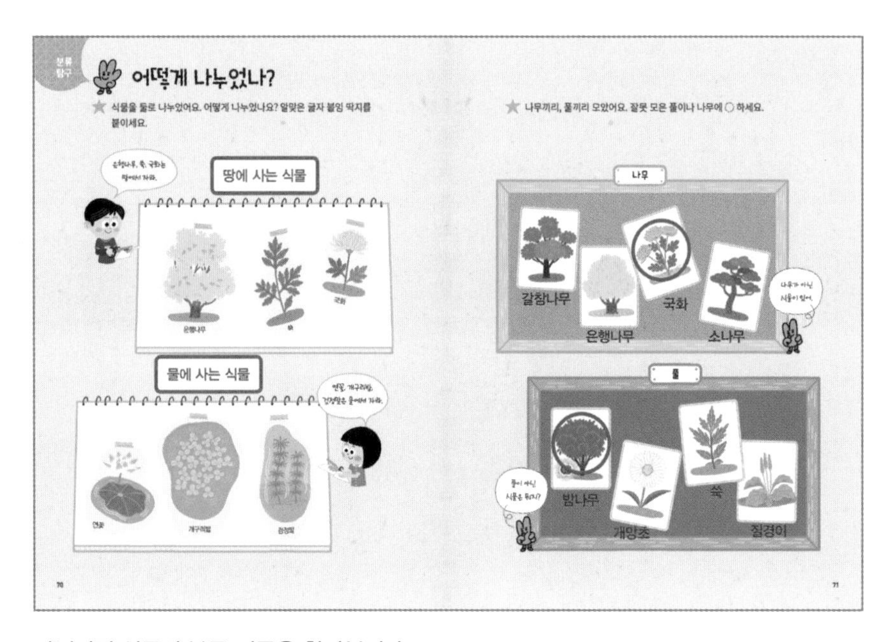


**나뉘어진 식물의 분류 기준을 찾아봅니다.**

70쪽 은행나무, 쑥, 국화, 연꽃, 개구리밥, 검정말을 사는 곳을 기준으로 둘로 분류했습니다.

71쪽 나무의 줄기는 대개 굵고, 갈색이며, 풀의 줄기는 대개 연하고, 초록색입니다. 갈참나무, 은행나무, 소나무, 밤나무의 공통점은 모두 나무입니다. 국화, 개망초, 쑥, 질경이의 공통점은 모두 풀입니다.

## 72~73쪽

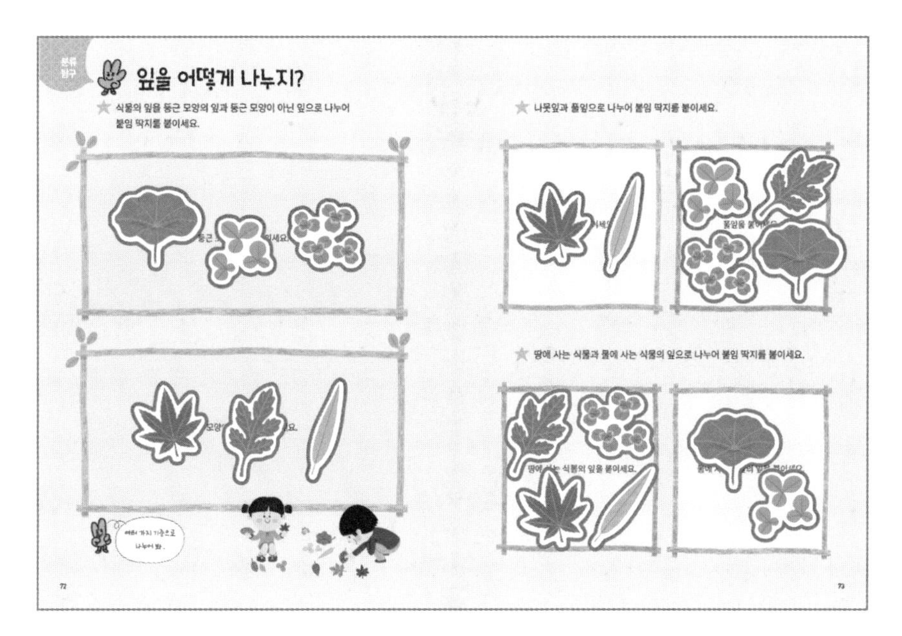


**연꽃, 개구리밥, 단풍나무, 대나무, 국화, 토끼풀의 잎을 여러 가지 기준으로 나누어 봅니다.**

72쪽 연꽃, 개구리밥, 토끼풀의 잎은 둥근 모양입니다. 다른 잎은 둥근 모양이 아닙니다.

73쪽 나뭇잎은 단풍나무, 대나무의 잎입니다. 풀잎은 국화, 개구리밥, 연꽃, 토끼풀의 잎입니다. 땅에 사는 식물의 잎은 단풍나무, 대나무, 국화, 토끼풀의 잎입니다. 물에 사는 식물의 잎은 연꽃과 개구리밥의 잎입니다.

## 74~75쪽

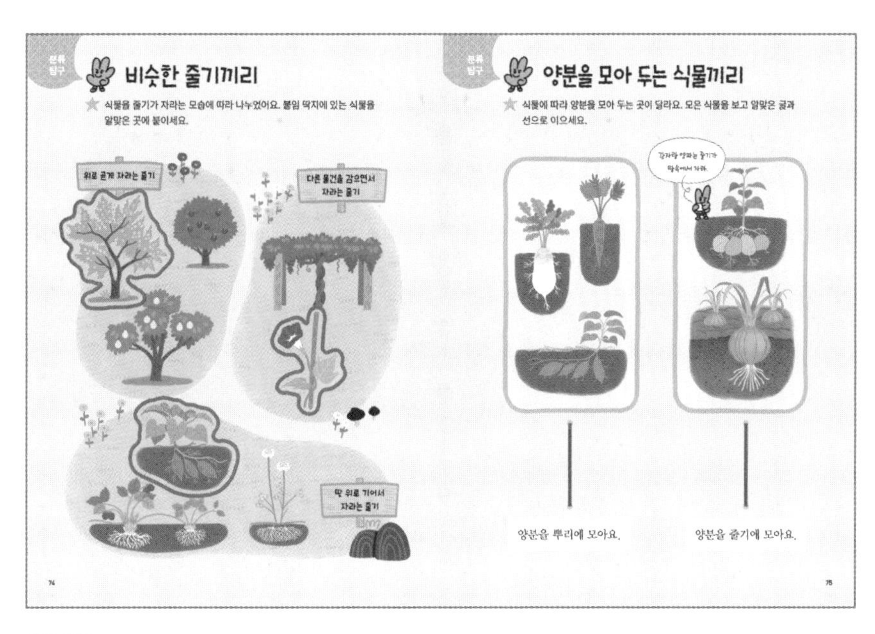


74쪽 복숭아, 사과, 배의 줄기는 땅 위에 곧바로 서는 줄기이고, 고구마, 딸기, 토끼풀의 줄기는 땅 위로 기어서 뻗는 줄기입니다. 등나무, 나팔꽃의 줄기는 다른 물건을 감아 올라가면서 자라는 줄기입니다.

75쪽 무, 당근, 감자, 고구마, 양파를 분류합니다. 무, 당근, 고구마는 뿌리에 양분을 모아 두는 공통점이 있습니다. 감자, 양파는 줄기에 양분을 모아 두는 공통점이 있습니다.

76~77쪽

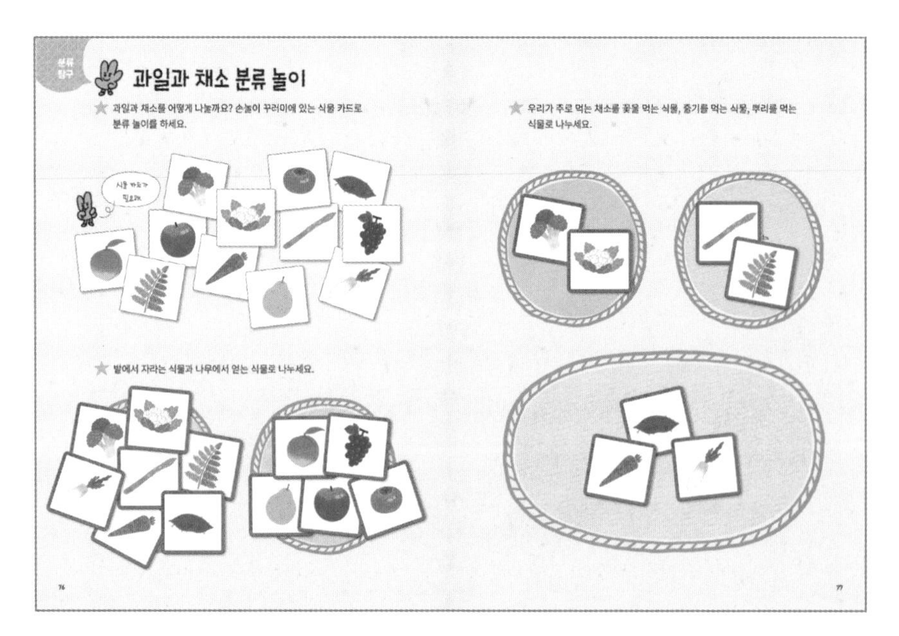


**감, 브로콜리, 무, 배, 아스파라거스, 포도, 고구마, 복숭아, 당근, 사과, 고사리, 콜리플라워 카드로 다양한 기준을 세워 분류 놀이를 합니다.**

76쪽 브로콜리, 무, 아스파라거스, 고구마, 당근, 고사리, 콜리플라워는 밭에서 자라는 식물입니다. 우리가 주로 먹는 감, 배, 복숭아, 사과, 포도는 나무에서 자라는 열매입니다.

77쪽 브로콜리, 콜리플라워는 주로 꽃 부분을 먹습니다. 아스파라거스, 고사리는 주로 줄기 부분을 먹습니다. 무, 고구마, 당근은 주로 뿌리를 먹습니다.

78~79쪽

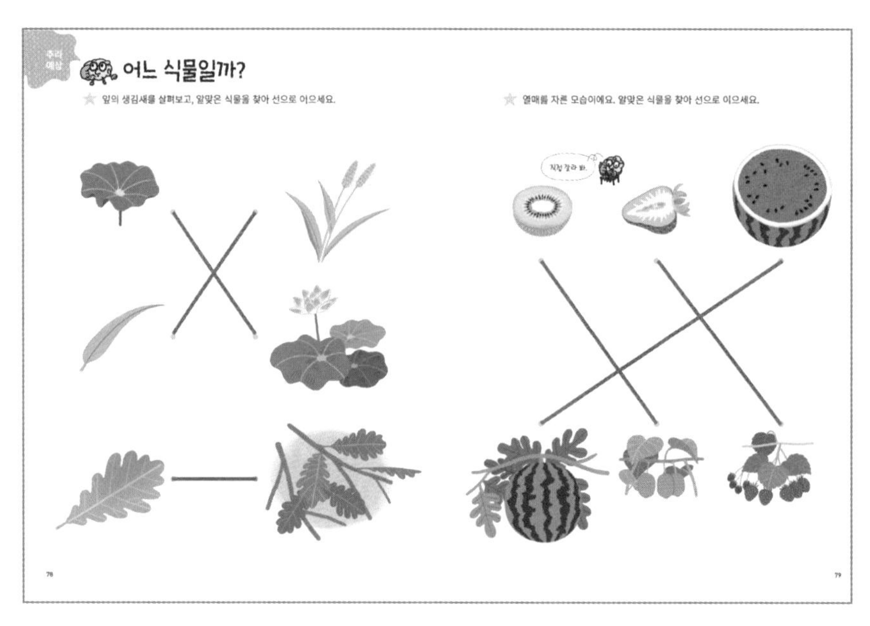


**부분 모습을 보고, 무엇인지 알아보는 유추 활동입니다.**

78쪽 식물의 잎을 보고 어느 식물인지 추리해 봅니다. 넓적한 잎 모양은 연꽃의 잎입니다. 길쭉한 모양의 잎은 강아지풀의 잎입니다. 가장자리에 큰 물결 모양의 톱니가 있는 잎은 떡갈나무의 잎입니다.

79쪽 열매의 자른 모습을 보고 어느 식물인지 추리해 봅니다. 자른 단면에 대한 지식이 없어도, 껍질의 색이나 모양을 단서로 찾을 수 있습니다.

## 80~81쪽

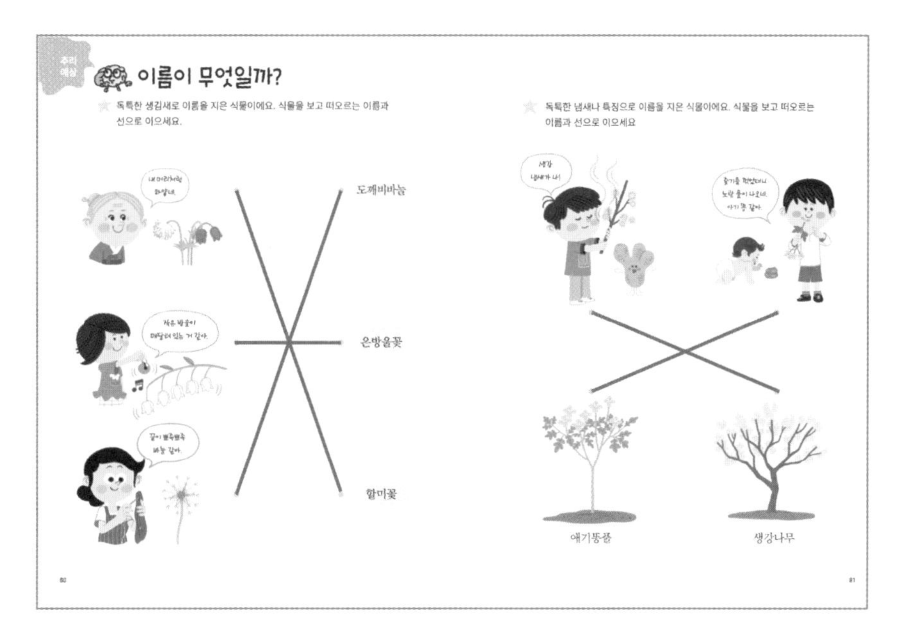


**식물의 특징에서 연상되는 이름을 유추해 봅니다.**

80쪽 꽃 모양의 특징을 살펴보고 그것에 맞는 이름을 유추해 봅니다.

81쪽 잘라 낸 가지에서 생강 냄새가 나 생강나무라고 합니다. 가지나 잎을 꺾으면 노란 즙이 나오며 이 색이 아기 똥 색을 닮았다고 하여 애기똥풀이라고 합니다. 이 즙은 처음에는 노란색이지만 시간이 지나면 황갈색이 됩니다.

## 82~83쪽

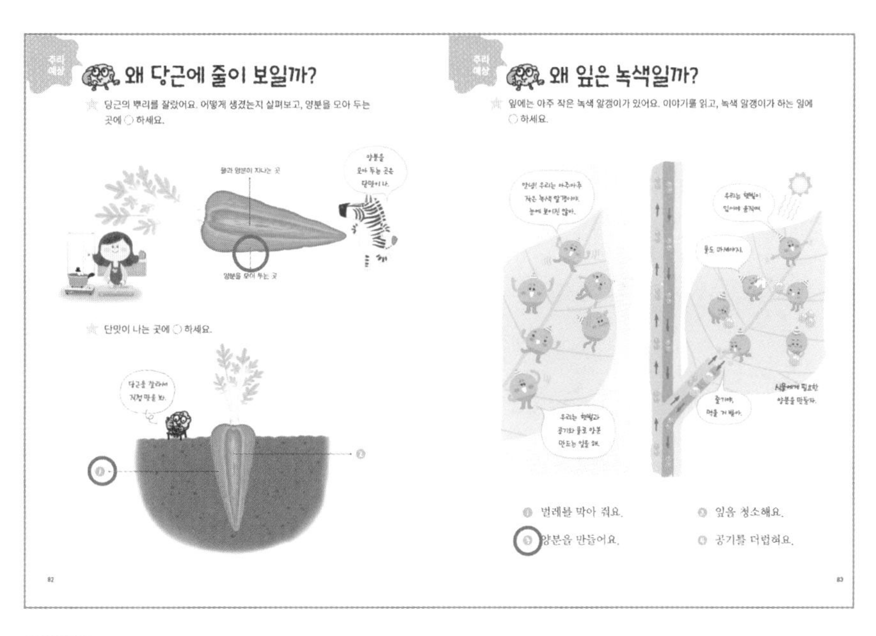


82쪽 우리가 먹는 것은 당근의 뿌리 부분입니다. 당근을 잘라 맛보면 바깥쪽이 단맛이 납니다. 당근이 자랄 때 가운데로 물과 양분이 지나고, 남은 양분은 바깥쪽에 모아 두기 때문입니다.

83쪽 잎의 광합성에 대한 이야기입니다. 엽록체에 있는 엽록소는 빛 에너지를 이용해 이산화 탄소와 물로부터 양분을 만듭니다. 이 엽록소가 녹색이어서, 잎이 녹색으로 보입니다. 만들어진 양분은 줄기를 통해 식물 전체로 보내집니다.

84~85쪽

84쪽 식물의 자른 모습을 보고 어느 식물인지 유추해 봅니다. 부레옥잠의 잎자루를 자르면 여러 개의 구멍들이 보입니다. 이 구멍에 공기가 들어 있어 물에 뜹니다. 잎자루는 줄기에 붙어 있는 잎 부분입니다.

85쪽 선인장은 물이 부족한 사막에 사는 식물입니다. 가시로 변한 작은 잎으로 물을 적게 내보내고, 큰 줄기에 물을 많이 모아 둘 수 있습니다.

86~87쪽

86쪽 나이테는 연한 조직과 짙은 조직이 번갈아 만들어진 둥근 테입니다. 봄과 여름에 커지는 줄기는 색깔이 연하고 넓습니다. 가을과 겨울에는 줄기가 거의 자라지 않아 색깔이 진하고 좁습니다. 열대우림 같은 계절이 없는 곳에서 자라는 나무에서는 나이테를 볼 수 없습니다.

87쪽 벌레 같은 작은 동물을 잡아먹는 식물을 식충식물이라고 합니다. 파리지옥은 덫으로 벌레를 잡습니다. 끈끈이주걱은 잎 끝에 난 끈끈한 털로 벌레를 잡습니다. 벌레잡이통풀은 통 속으로 벌레를 끌어들여 잡습니다.

## 88~89쪽

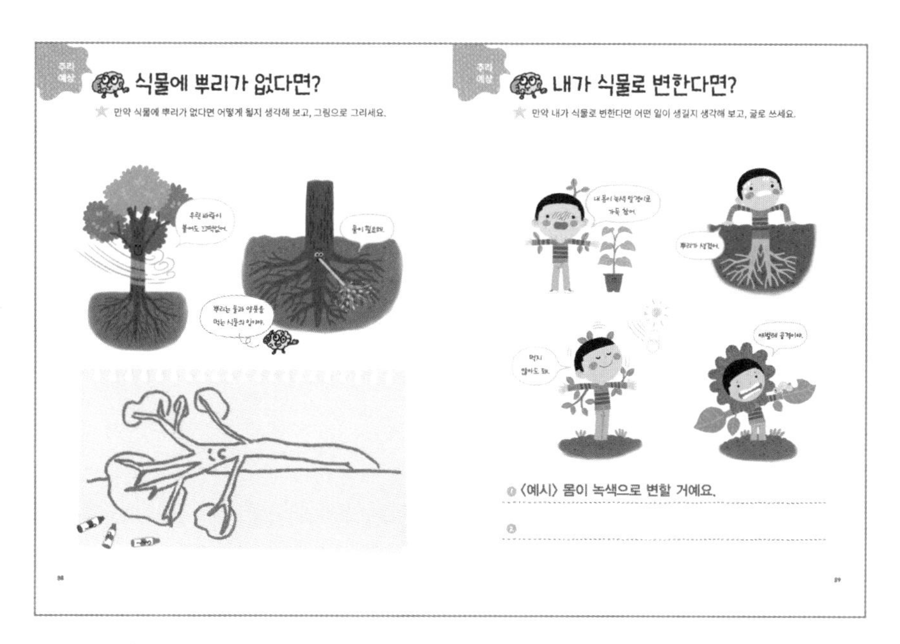


**배경 지식을 바탕으로 창의적으로 생각하여 그림이나 글로 표현해 봅니다.**

88쪽 뿌리는 식물이 꼿꼿하게 설 수 있도록 지탱하고, 식물이 필요한 물을 빨아들입니다.

89쪽 나와 식물의 차이점을 생각해 보고 글을 씁니다. 식물은 광합성 작용을 통해 스스로 양분을 만듭니다. 나는 음식을 먹어 양분을 만듭니다. 나는 다리로 걷지만, 식물은 땅에 뿌리를 박고 서 있습니다.

# 우리 몸 해답과 도움말

## 이런 내용을 배웠어요.

### 관찰 탐구

- 몸과 뼈의 생김새 살펴보기
- 수수께끼 놀이, 같은 사람 찾기, 털 그리기
- 손뼈 만들기를 통해 관절 실험하기

### 분류 탐구

- 사람의 생김새를 다양한 기준으로 나누어 보기
- 모여 있는 무리의 공통점 찾기
- 눈, 코, 입, 귀, 피부와 관계있는 것끼리 모으기

### 추리 · 예상 탐구

- 관찰을 통해 이, 눈, 피부의 기능 유추하기
- 안과 겉모습 관계 짓기
- '만약 뼈가 없다면 어떨까?' 글로 써 보기

92~93쪽

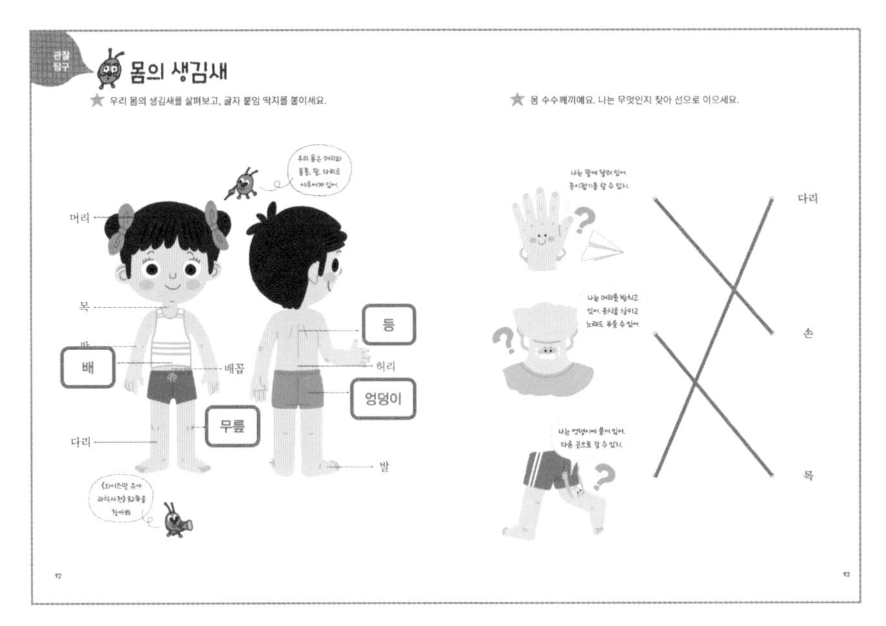
관찰 탐구 몸의 생김새

★ 우리 몸의 생김새를 살펴보고, 글자 붙임 딱지를 붙이세요.

★ 몸 수수께끼예요. 나는 무엇인지 찾아 선으로 이으세요.



**우리 몸의 구조와 각각의 명칭을 살펴봅니다.**

92쪽 몸은 머리와 몸통, 팔, 다리로 이루어져 있습니다. 가슴과 배 부분이 몸통입니다. 팔꿈치, 발꿈치, 손과 손목 등도 직접 살펴봅니다.

93쪽 신체 각 부분의 기능과 특징을 언어로 표현해 봅니다. 수수께끼 놀이는 관찰력을 키우기에 좋습니다. 호기심을 유발하여 세부적인 특징을 생각하게 합니다.

94~95쪽

**몸의 겉 부분을 덮고 있는 것이 피부입니다. 사람마다 피부색이나, 피부에 난 털의 모양이 다릅니다.**

94쪽 비슷비슷한 사람 속에서 특정한 사람을 찾아봅니다. 가리키는 사람의 피부색이나 수염 같은 세부적인 특징에 따라 변별합니다. 변별하기를 통해 관찰력을 키웁니다.

95쪽 피부에 난 털을 그려 보면서 몸을 관찰합니다. 머리털, 눈썹, 코털, 수염도 모두 털입니다. 털은 몸의 피부를 보호해 줍니다.

96~97쪽

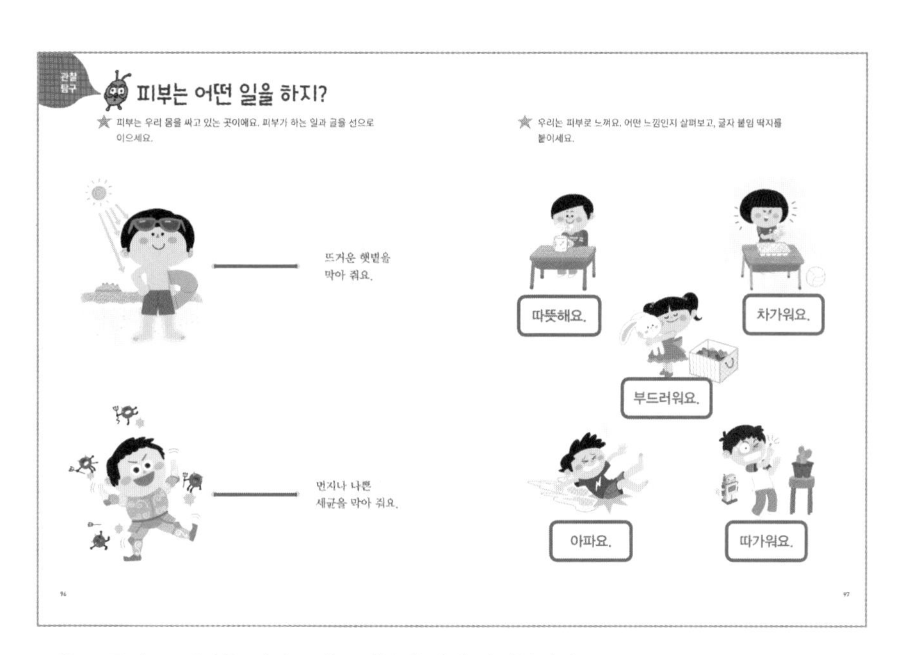


**몸을 보호하고, 감각을 받아들이는 피부에 대해 알아봅니다.**

96쪽 피부는 햇빛에서 내리쬐는 자외선이나 먼지, 세균 같은 외부 환경으로부터 몸을 지켜줍니다.

97쪽 피부를 통해 부드러움, 딱딱함, 차가움, 따뜻함, 아픔 등을 느끼는 것을 피부 감각이라고 합니다.

98~99쪽

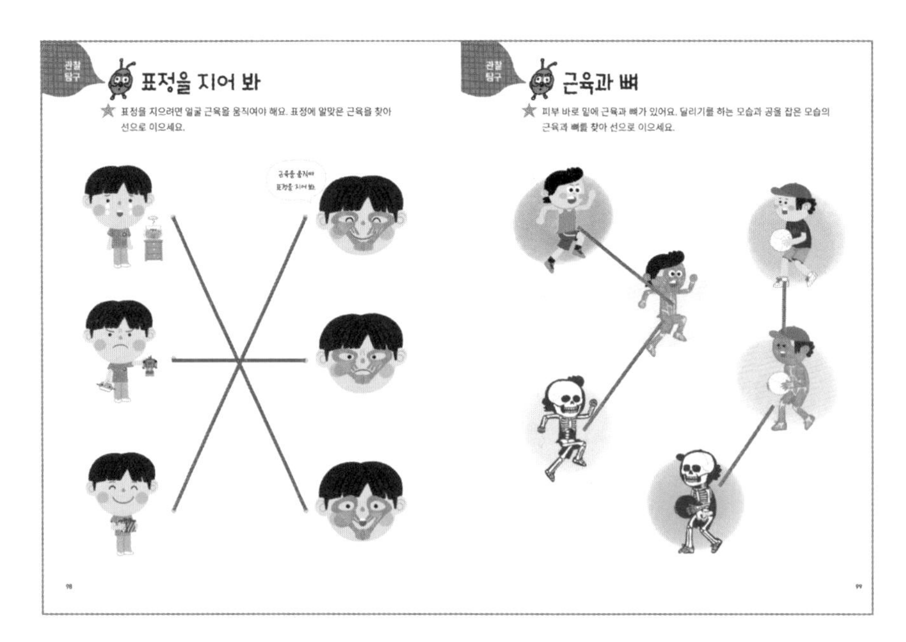


98쪽 피부 바로 밑에 근육이 있습니다. 얼굴 근육은 표정을 조절합니다. 또 음식물 씹기, 악기 불기, 콧구멍 열기, 눈꺼풀 감기, 이마 찡그리기 등의 역할도 담당합니다.

99쪽 피부 바로 밑에 근육과 뼈가 있습니다. 근육과 뼈는 몸을 지탱하고, 움직일 수 있게 합니다.

100~101쪽

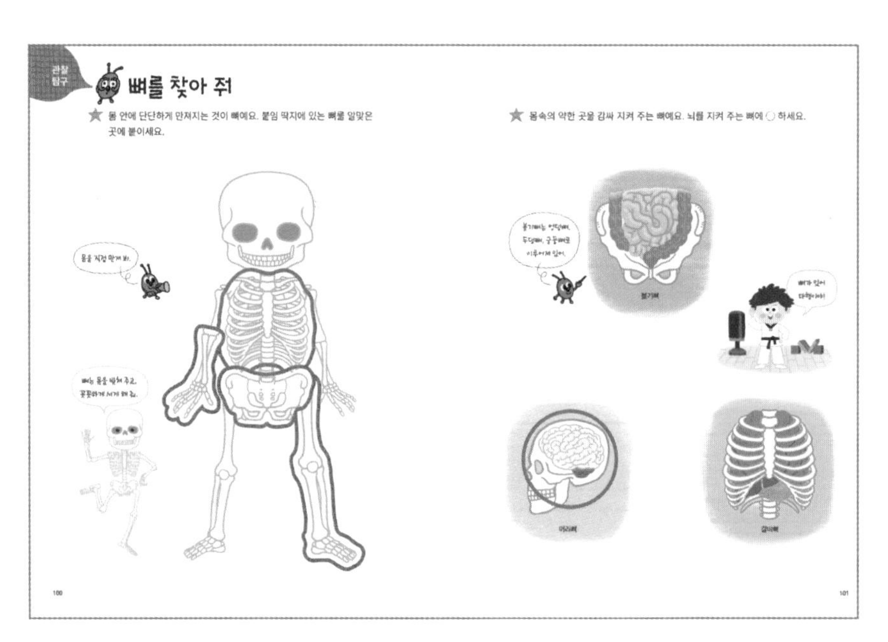


**뼈는 몸의 골격을 이루어 몸을 지탱하고, 몸속의 내부 기관을 보호합니다.**

100쪽 머리뼈는 둥근 모양, 갈비뼈는 여러 개의 뼈가 좌우로 둥글게 연결되어 큰 공간을 이룬 모양입니다. 등뼈는 여러 마디의 뼈가 연결된 기둥 모양입니다. 팔뼈, 다리뼈는 길쭉하게 생겼습니다.

101쪽 머리뼈는 뇌를 보호합니다. 갈비뼈는 가슴 부위를 이루는 활 모양의 뼈입니다. 심장, 허파를 보호합니다. 볼기뼈는 엉덩뼈, 두덩뼈, 궁둥뼈로 이루어져 창자와 방광을 보호합니다.

102~103쪽

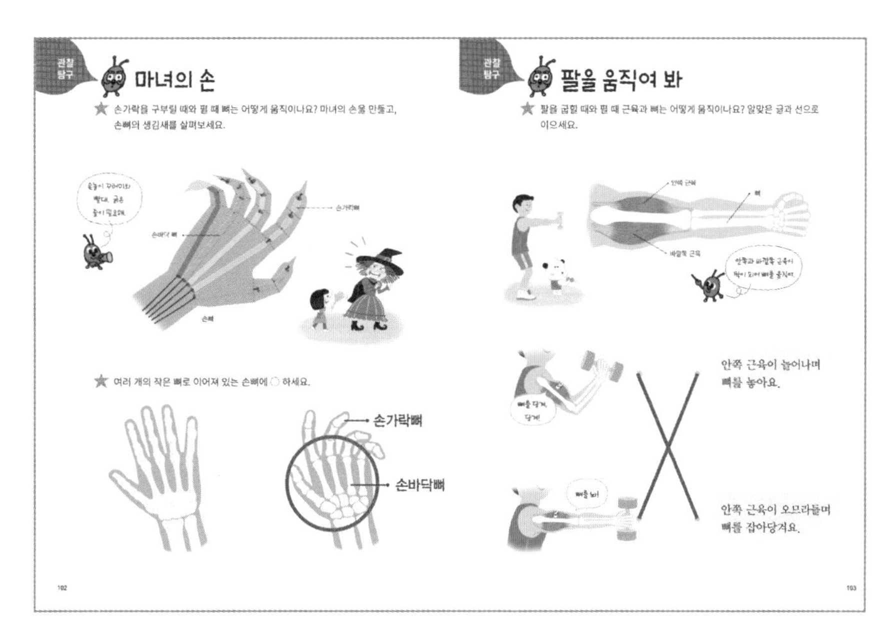


102쪽 손놀이 꾸러미로 손뼈를 만들어 봅니다. 손뼈는 손가락뼈, 손바닥뼈, 손목뼈로 구성됩니다. 손은 여러 개의 뼈로 연결되어 있어서 물건을 집을 수 있습니다.

103쪽 근육은 힘줄로 뼈와 연결되어 있습니다. 팔에는 이두근과 삼두근이 있습니다. 팔을 굽히면 안쪽 이두근이 오므라들면서 불룩 튀어나오고 바깥쪽 삼두근은 늘어납니다. 반대로 팔을 펴면 안쪽 이두근이 늘어나고 바깥쪽 삼두근이 오므라들게 됩니다. 직접 팔을 움직여 보면서 근육의 움직임을 느껴 봅니다.

104~105쪽

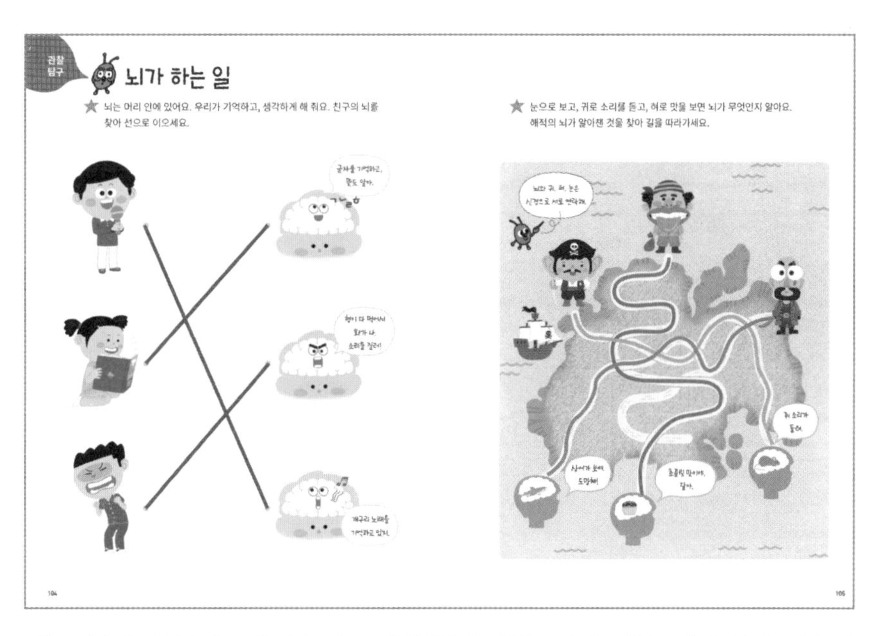


**뇌는 머리뼈의 안쪽에 있습니다. 뇌의 대부분을 차지하는 대뇌는 운동, 감각, 언어, 기억, 사고 기능을 담당합니다.**

104쪽 뇌는 외부로부터 오는 정보들을 조합하는 역할을 합니다. 문자와 언어를 이해하고, 생각이나 의미를 글로 나타냅니다. 뇌는 기억이나 학습을 가능하게 하고, 정서적인 감정도 조절합니다.

105쪽 뇌는 눈, 귀, 코, 혀, 피부 같은 감각 기관에서 들어온 신호들을 신경을 통해 받아들여, 무엇인지 인지하는 기능을 합니다.

## 106~107쪽

**여러 가지 기준으로 사람을 분류해 봅니다. 제각각 다른 모습이지만 공통점을 찾아 나누어 봅니다.**

106쪽 사람은 남자와 여자로 나눌 수 있습니다. 붙임 딱지에서 찾아 붙입니다.

107쪽 사람은 어린이와 어른으로 나누거나, 생김새에 따라 나눌 수 있습니다. 머리가 곱슬인 사람과 머리가 곧은 사람으로 나누어 봅니다. 공통점이 같은 것끼리 모아 구분 짓는 것이 분류 탐구입니다.

## 108~109쪽

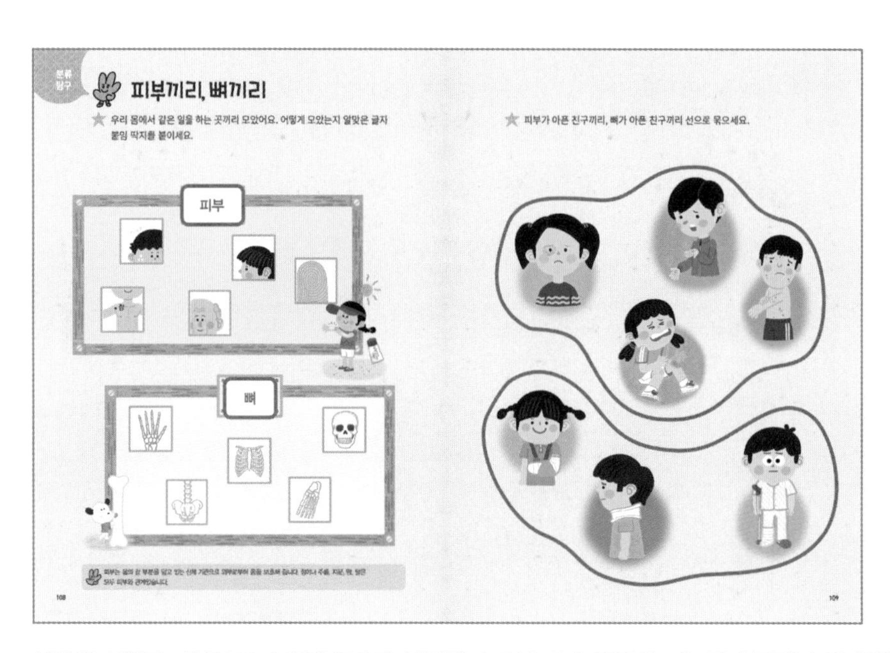


**사람의 신체를 피부인 곳과 뼈인 곳으로 분류할 수 있습니다. 각각의 기능이나 특징과 관계있는 것을 찾아봅니다.**

108쪽 땀, 머리털, 지문, 점, 주름은 피부와 관계있습니다. 손뼈, 갈비뼈, 가슴뼈, 머리뼈, 골반뼈, 발뼈는 뼈와 관계있습니다.

109쪽 멍, 물집, 살갗이 벗겨지는 것, 알레르기는 피부가 아픈 것입니다. 뼈가 부러진 곳에는 석고 붕대를 합니다.

110~111쪽

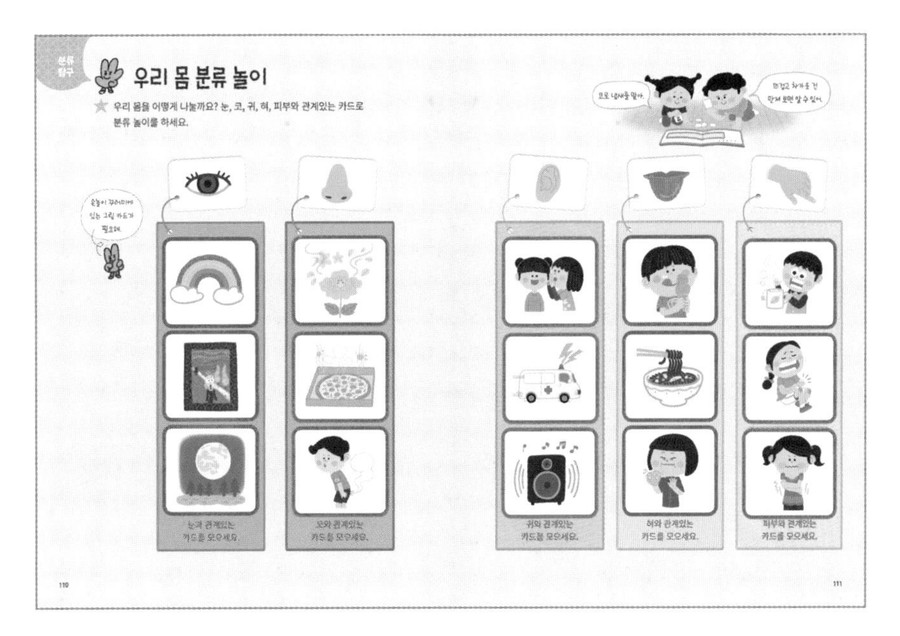


**각각의 감각 기관과 관계있는 일끼리 분류해 봅니다. 시각, 후각, 청각, 미각, 피부 감각이 있습니다.**

110쪽 눈은 빛을 받아들여 색이나 모양을 구분하는 시각 기관이고, 코는 냄새를 맡는 후각 기관입니다.

111쪽 귀는 소리를 받아들이는 청각 기관입니다. 혀는 음식의 맛을 느낄 수 있는 미각 기관입니다. 단맛, 신맛, 쓴맛, 짠맛 네 가지로 구분됩니다. 추위를 느끼거나 아픔을 느끼는 곳은 피부입니다.

112~113쪽

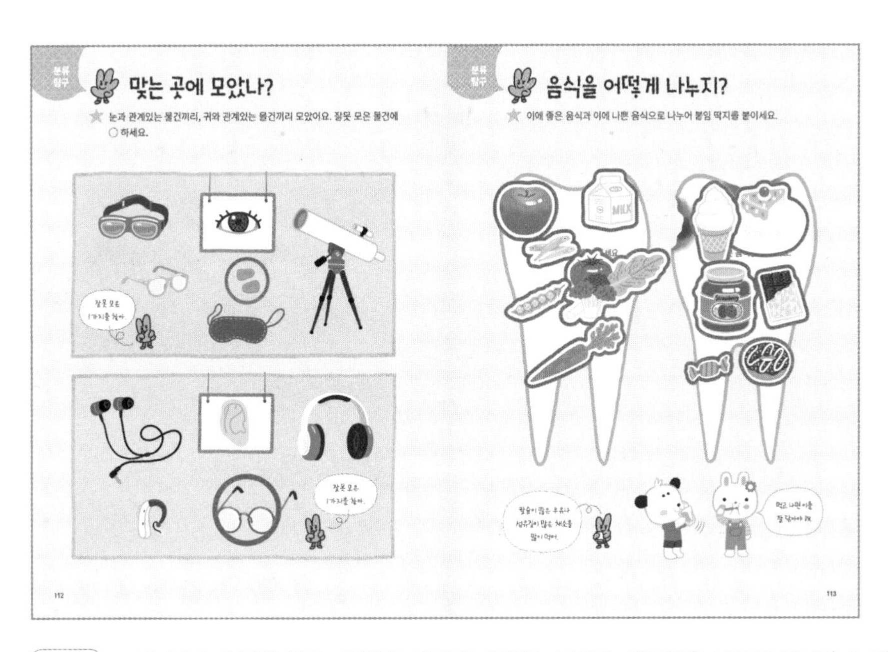


112쪽 고글, 안경, 수면용 안대, 망원경, 귀마개, 이어폰, 보청기, 헤드폰을 분류해 봅니다. 눈에 사용하는 물건과 귀에 사용하는 물건으로 분류할 수 있습니다.

113쪽 칼슘이 풍부하고, 섬유질이 많은 과일이나 채소류는 이에 좋습니다. 단 음식이나 가공식품, 탄산 음료는 이에 좋지 않습니다.

114~115쪽

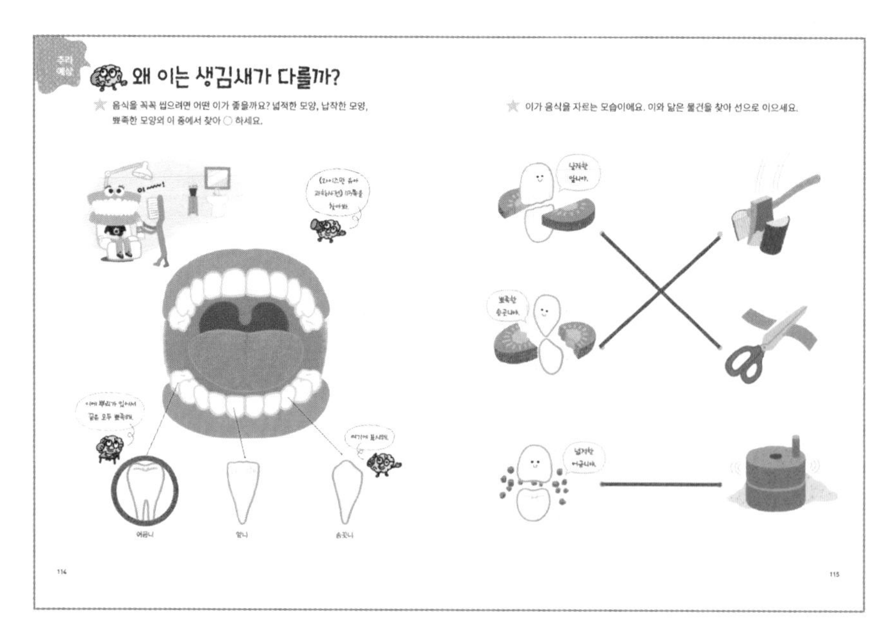


**이의 생김새와 기능이 관계있는지 유추해 봅니다.**

114쪽 왜 이의 모양이 다르게 생겼을지 유추해 봅니다. 유추하기 전에 이의 생김새를 관찰하여 사실을 파악합니다. 초식 동물이나 육식 동물의 이빨 모양을 관계 지을 수 있습니다.

115쪽 끌처럼 납작한 앞니는 음식물을 잘라 내고, 뾰족한 송곳니는 음식물을 물어 끊거나 찢고, 넓적한 어금니는 음식물을 잘게 부수는 데 적합합니다.

116~117쪽

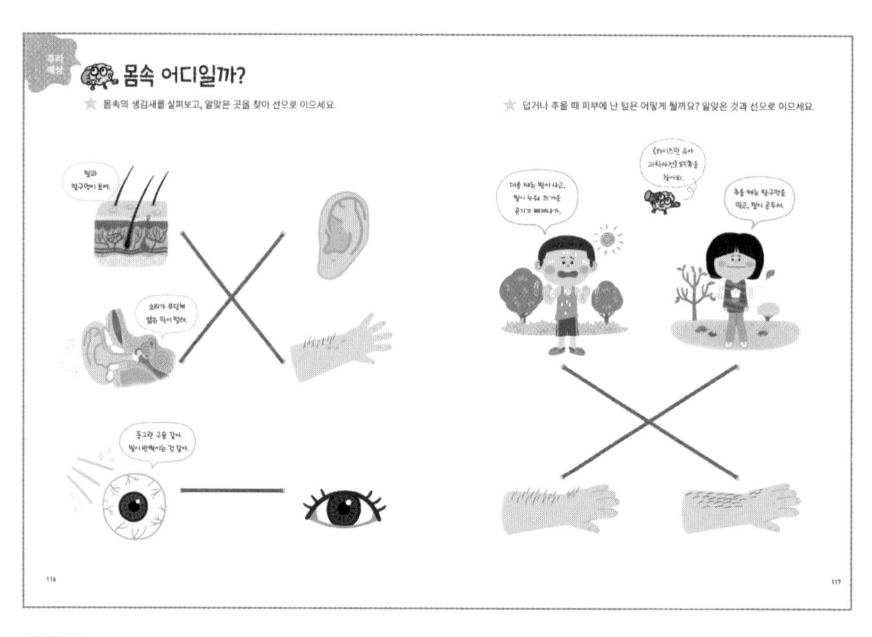


116쪽 신체의 확대한 모습을 보고, 어느 곳인지 유추해 보는 활동입니다. 말로 표현된 단서를 읽고 연결해 봅니다.

117쪽 사실을 알려주는 말을 읽고, 유추해 봅니다. 사람은 털과 땀을 통해 피부의 온도를 일정하게 유지합니다.

118~119쪽

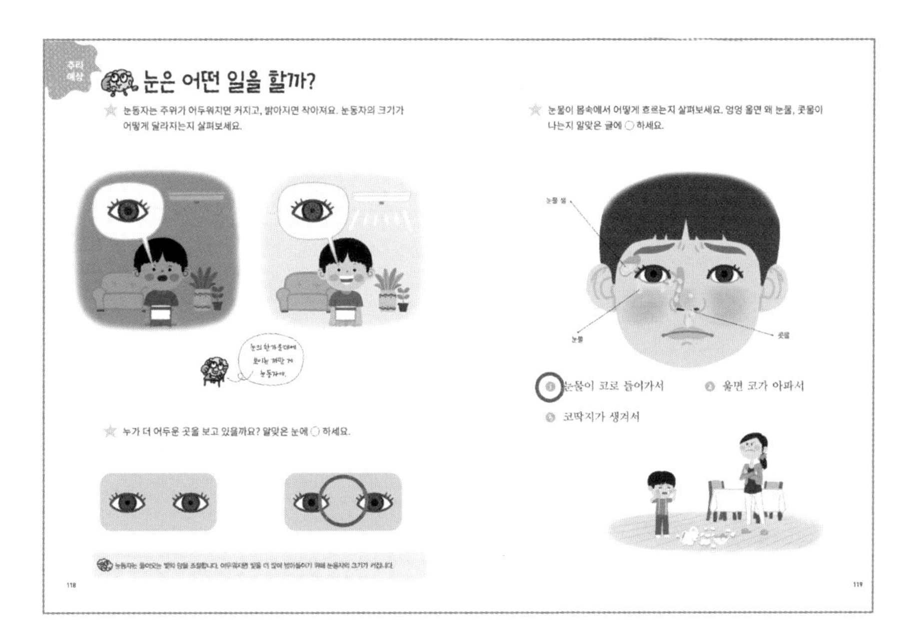


118쪽 빛의 양에 따라 눈동자의 크기가 변한다는 것을 살펴봅니다. 눈동자는 들어오는 빛의 양을 조절합니다. 어두워지면 빛을 더 많이 받아들이기 위해 눈동자의 크기가 커집니다.

119쪽 그림을 통해 눈물샘이 코와 연결된 것을 알아봅니다. 알게 된 사실을 근거로 울 때 콧물이 나오는 이유를 유추해 봅니다. 눈물샘은 눈물을 분비하는 샘입니다. 움푹 들어간 눈구멍의 바깥 위쪽에 있습니다.

120~121쪽

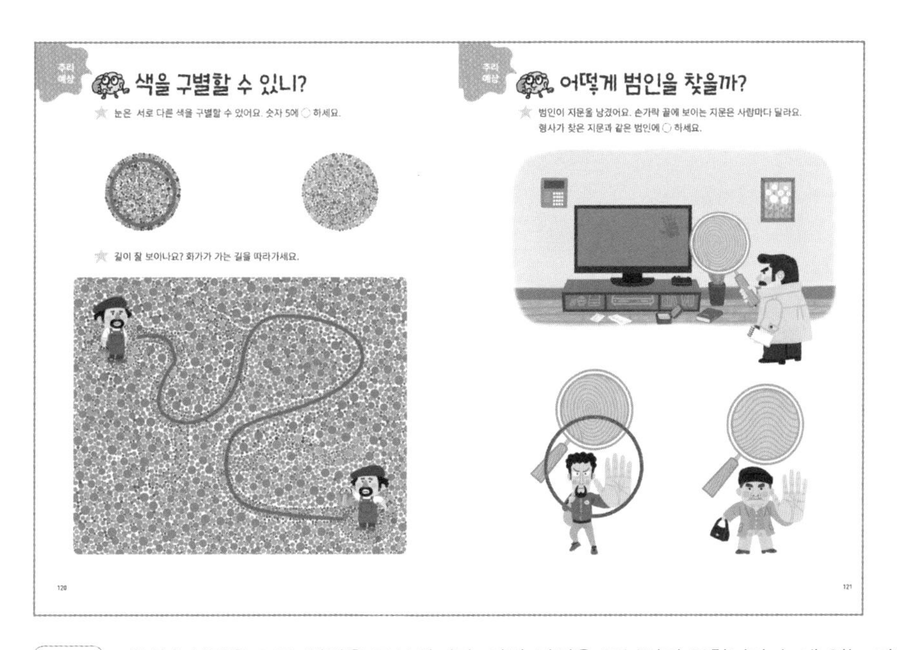


120쪽 대부분 사람은 모든 색깔을 구분하지만, 어떤 사람은 구분하지 못합니다. 눈에 있는 망막의 시세포에 이상이 있기 때문입니다. 여러 가지 색깔의 점으로 이루어진 그림 속에서 특정한 색깔의 점들이 나타내는 숫자나 그림을 구별해 봅니다.

121쪽 손가락 끝에 있는 곡선 무늬가 지문입니다. 지문은 사람마다 다르기 때문에 개인을 구별하는 데 이용됩니다. 지문을 이용해서 범인을 유추해 봅니다.

122~123쪽

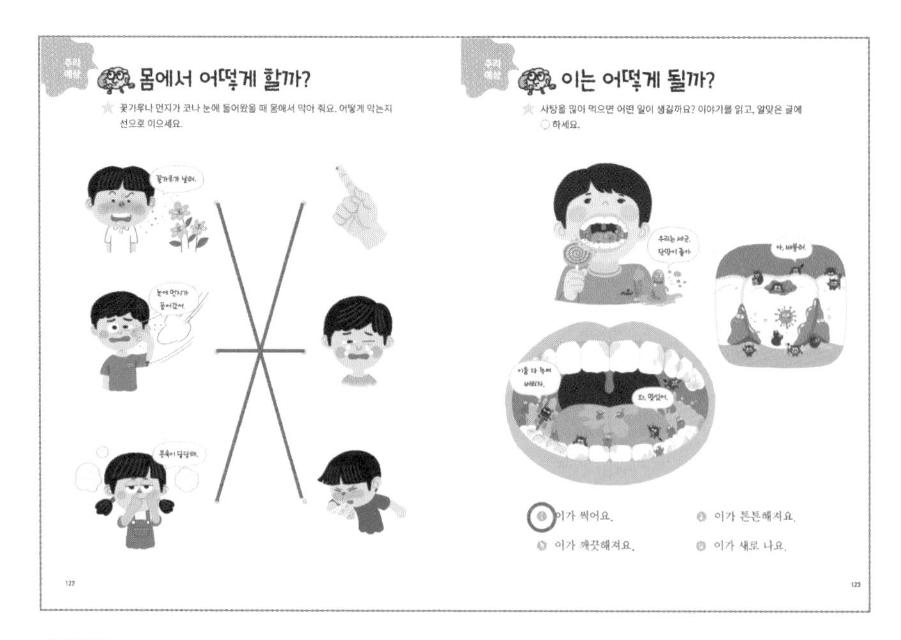


122쪽 우리 몸이 스스로를 보호하는 방어 체계를 면역이라고 합니다. 세균이나 바이러스가 몸속으로 들어오지 못하게 막는 방어벽이 눈물, 콧속 점막, 피부의 각질 등입니다. 눈을 깜박이고 눈물을 흘려서 병원체를 몸 밖으로 내보냅니다. 코와 기관지의 끈끈한 점막에 병원체가 달라붙어서 몸 안으로 들어올 수 없게 합니다.

123쪽 단것을 먹으면 나쁜 세균이 생깁니다. 이 세균은 이를 녹게 하는 물질을 만들어 이를 썩게 합니다.

124~125쪽

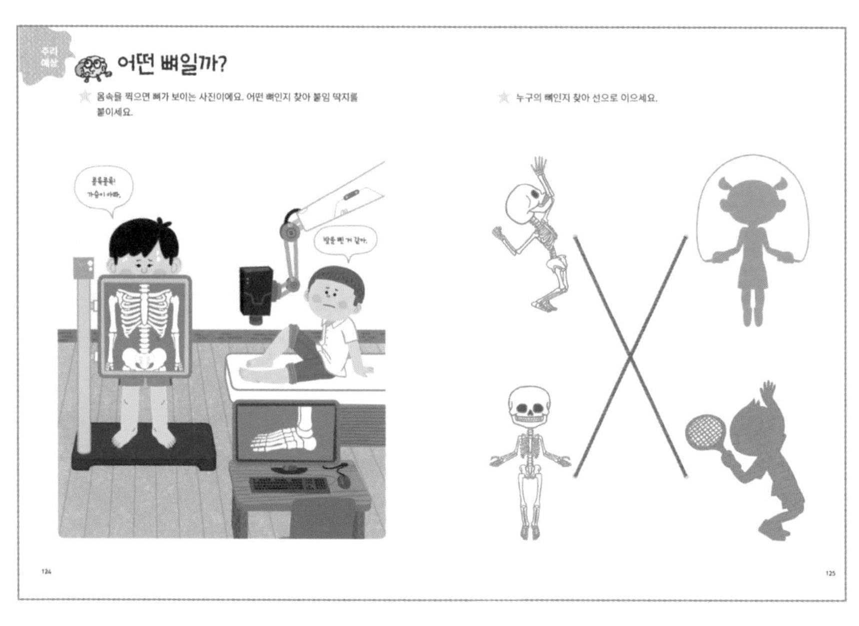


**신체 부위를 유추해 봅니다.**

124쪽 몸의 각 부위에 알맞은 뼈 사진을 찾아봅니다.

125쪽 뼈는 몸의 형태를 이룹니다. 뼈가 이루는 골격의 모양을 보고 관계있는 몸의 형태를 찾아봅니다.

## 126~127쪽

추리 예상
어떤 일이 생길까?

뼈가 구부러지지 않는다면 어떤 일이 생길지 생각해 보고, 글로 쓰세요.



❶ 〈예시〉 칫솔을 쥘 수 없어 혼자 이를 닦을 수 없어요.

❷

뼈는 몸의 생김새를 잡아 주고, 움직이게 해 줘요. 뼈가 없다면 어떤 일이 생길지 생각해 보고, 글로 쓰세요.

❶ 〈예시〉 혼자 걸을 수 없어요.

❷

126 127

**창의적인 과학 글쓰기 활동입니다.**

126쪽 관절이 없다면 어떻게 될지 상상해 봅니다. 이를 닦으려면 칫솔을 쥘 수 있는 손 관절이나 팔꿈치 관절이 필요합니다. 사실을 근거로 글을 써 봅니다.

127쪽 뼈의 기능에 대해 생각해 보고, 뼈가 없다면 어떤 일이 생길지 상상해 글로 써 봅니다.

♤ 메모 ♤

102 쪽

# 마녀의 손

만드는 방법

① 손 모양을 뜯어 내세요.

② 빨대를 잘라 ▒▒▒에 셀로판테이프로 붙이세요.

③ 줄을 손가락 끝에 셀로판테이프로 붙이세요.

④ 손가락 끝에 붙인 줄을 빨대 사이로 넣으세요.

⑤ 줄을 잡아당기며 손가락을 구부렸다 폈다 놀이를 하세요.

110-111쪽

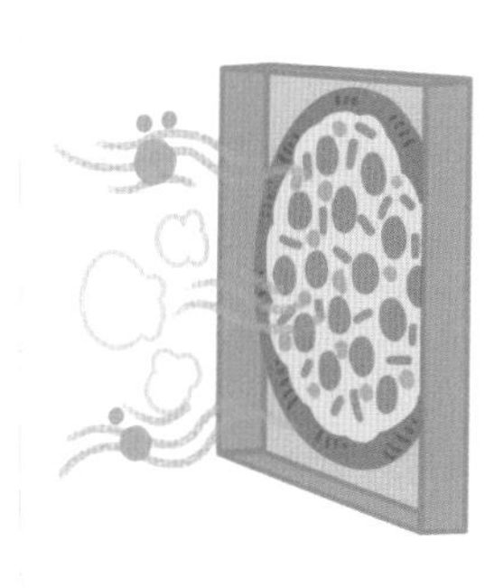

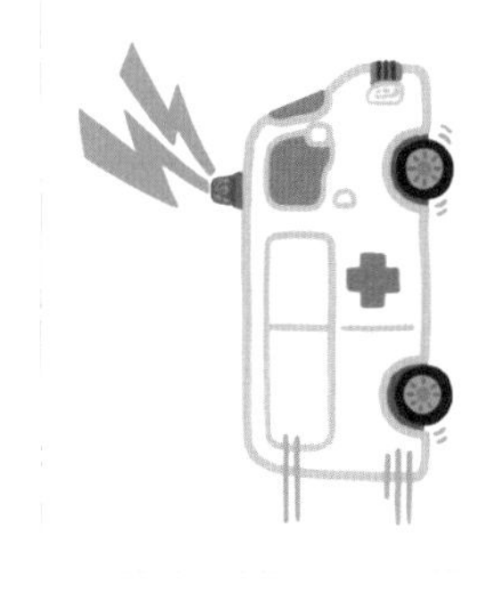

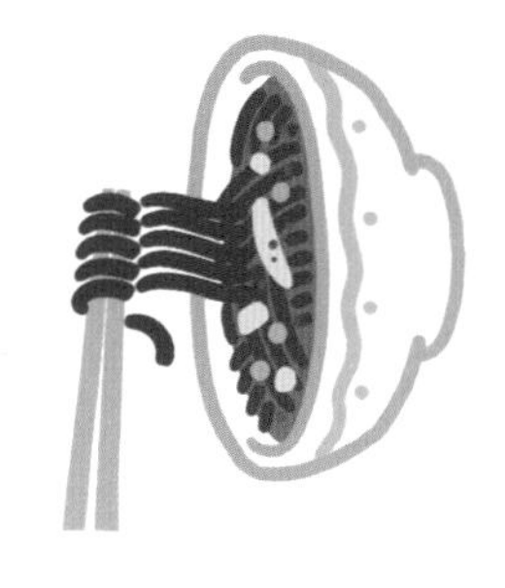
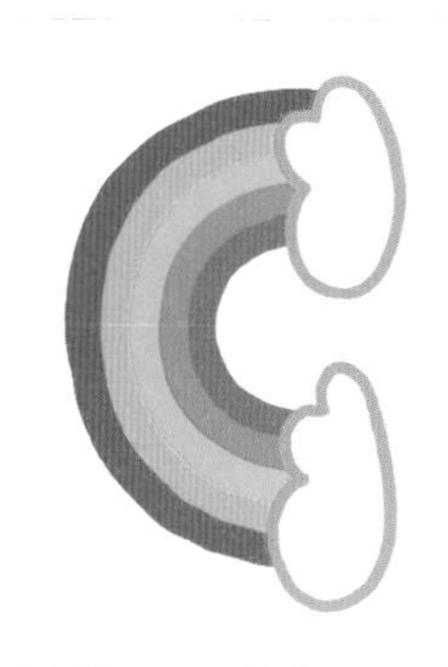

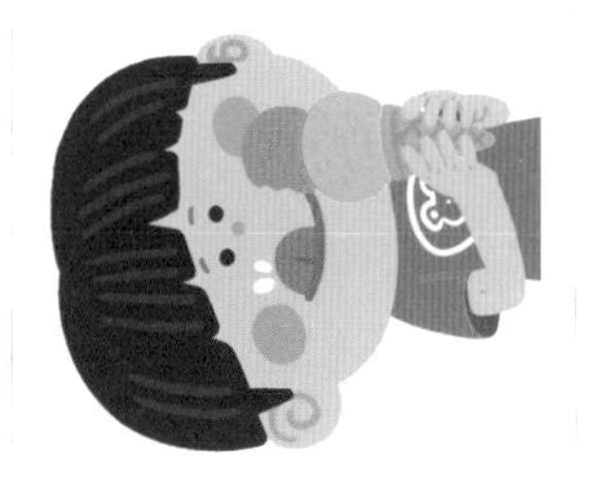